Ihr Hobby

Boas und Pythons

Hermann & Erika Stöckl

bede bei Ulmer

Inhaltsverzeichnis

Danksagungen
Wir möchten uns noch bei einigen Freunden bedanken, die uns mit Fotomaterial und Sachkunde bei der Erstellung dieses Buches geholfen haben: Karl Gürtner, München, Stefan Broghammer (Fa. M & S Reptilien), Villingen-Schwenningen-Weigheim, Anna Roßbauer, Vilsbiburg, Edmund Hartmann, Landshut, Robert Meidinger (Reptilienzoo „World of Snakes"), Grecia/Costa Rica, Axel Pickel, Ergoldsbach, Verena Knietsch, Igersheim. Unser Dank gilt auch der Leitung des Hauses der Natur in Salzburg/Österreich, insbesondere Herrn Prem, der uns unbürokratisch die Fotoarbeiten dort ermöglichte.

Bildquellen
Titelfoto: Zoonar/Frame Angel
Wie am jeweiligen Foto vermerkt: von den Autoren und S. Broghammer, K. Gürtner, E. Hartmann, V. Knietsch, R. Meidinger und Herrn Prem

Bibliografische Information der Deutschen Nationalbibliothek
Die Deutsche Nationalbibliothek verzeichnet diese Publikation in der Deutschen Nationalbibliografie; detaillierte bibliografische Daten sind im Internet über http://dnb.d-nb.de abrufbar.

Wollgrasweg 41, 70599 Stuttgart (Hohenheim)
E-Mail: info@ulmer.de
Internet: www.ulmer.de
Umschlaggestaltung: Sojus Design, Kai Twelbeck, Stuttgart
Druck und Bindung: Westermann Druck, Zwickau
Printed in Germany

ISBN 978-3-8001-8286-2

Vorwort

Dieser Band bietet allen, die etwas über Boas und Pythons – die beeindruckendsten Vertreter der Schlangenfamilie – erfahren wollen, interessanten Lesestoff. Als glühende Verehrer von *Boa constrictor*, der populärsten aller Riesenschlangen, haben wir dieser Art einen besonders breiten Raum gewidmet.

Unser Buch soll dazu dienen, angehenden Haltern von Boas und Pythons das nötige Know-how im Umgang und bei der Pflege ihrer Schützlinge zu vermitteln. Was man vor dem Erwerb eines solchen Tiers bedenken sollte, haben wir ebenfalls ausführlich behandelt, um Sie vor Fehlentscheidungen zu bewahren. Selbst für die Profis unter den Riesenschlangenhaltern ist sicher noch der eine oder andere nützliche Hinweis (oder ein interessantes Foto) enthalten. Wir haben darauf geachtet, allgemein verständlich zu bleiben und die Materie aus der Sicht des Praktikers darzustellen. Wenn Sie also beim Kauf dieses Buchs ein von Akademikern verfasstes, hochwissenschaftliches, mit vielen Fremdwörtern gespicktes Werk erwartet haben, dann sollten Sie jetzt im Papierkorb den Kassenzettel suchen und sich eine passende Ausrede für den Umtausch überlegen.

Ansonsten versprechen wir Ihnen, daß Sie eine für diesen Preis ungewöhnlich gute Führung durch die faszinierende Welt der Boas und Pythons erhalten.

Die Eltern dieser *Boa constrictor imperator* waren Wildfänge von Islas de La Bahia vor Honduras. Aufgrund ihrer Herkunft werden Sie auch als La Bahia Boas bezeichnet. Kennzeichen sind die rostrote Färbung im Genick und der extrem muskulöse Körper. Man kann die „La Bahia Boa“ nicht als kleinbleibende Inselform bezeichnen. Foto: Stöckl

Einleitung

Skelett eines dunklen Tigerpython, *Python molurus bivittatus.* Foto: Stöckl

Bei dem Wort „Riesenschlange“ erinnern sich viele mit wohligem Gruseln an den Film „Anaconda“. Star dieses Hollywoodspektakels ist eine menschenmordende Bestie, die mit ihrer gewaltigen Länge und ungezügelter, heimtückischer Wildheit allen gängigen Klischees über Würgeschlangen voll gerecht wird.

In der Tat ist die Anakonda – zusammen mit dem Netzpython – als größte Vertreterin der Familie der Boidae (Riesenschlangen) ein beeindruckendes Tier und Rekordhalterin, was das Gewicht betrifft: Die schwerste Riesenschlange, die jemals gefangen oder erlegt wurde, war eine Anakonda und wog 454 Pfund, also über viereinhalb Zentner.

Allen, die das Staunen verlernt haben, empfehlen wir einen Besuch im „Haus der Natur“ in Salzburg. Dort ist eine präparierte Große Anakonda, *Eunectes murinus,* ausgestellt, die wahrscheinlich alles übertrifft, was Sie in Bezug auf Riesenschlangen bisher zu Gesicht bekommen haben.

Zu den wirklichen Riesen unter den Boidae gehören außer *Eunectes* (Anakonda) und *Python reticulatus* (Netzpython) noch *Python sebae* (Felsenpython) und *Python molurus bivittatus* (Dunkler Tigerpython).

Den Abgottschlangen, *Boa constrictor,* werden ebenfalls Maße von 5 m und mehr nachgesagt, doch ist dies wohl die Ausnahme. In der Terrarienhaltung hat eine *Boa constrictor* über 3 m schon absoluten Seltenheitswert.

Die weitaus meisten der etwa 90 Boa- und Pythonarten bleiben wesentlich kleiner als die oben beschriebenen. Manche, wie die Gummiboa, *Charina bottae,* mit einem Gardemaß um die 60 cm (es ist von einem geschlechtsreifen Exemplar die Rede) verdienen es eigentlich gar nicht, als Riesenschlange bezeichnet zu werden. Auch der bei Terrarianern sehr beliebte Königspython, *Python regius,* der aufgrund seines friedfertigen Temperaments oft zu Werbezwecken verwendet wird oder in Abenteuerfilmen als böser Würger herhalten muß, ist mit seiner durchschnittlichen Länge von knapp 1,5 m alles andere als beeindruckend.

Wie gefährlich sind Riesenschlangen?

Wie gefährlich sind Riesenschlangen? Die Anwort auf diese Frage ist natürlich von der Größe des Reptils abhängig. Ein Python von 3 m Länge wird zwar einem erwachsenen Mann nicht ernsthaft gefährlich werden können, wohl aber einer Frau und ganz sicher einem Kind. Es ist ohnehin ratsam, eine Würgeschlange dieser Größe nur zu zweit zu handhaben. Eine Faustregel besagt, daß beim Hantieren mit einem solchen Tier für jeden Meter Schlange eine Person bereitstehen sollte.

Daß man ein Kind nicht mit einer Riesenschlange (und sei das Tier noch so zahm) allein läßt, versteht sich von selbst.

Alle Vorsichtsmaßnahmen im Zusammenhang mit großen Pythons oder Boas gelten besonders für begehbare Terrarien. Hier begibt sich der Schlangenhalter direkt ins Revier des Tiers und bietet ihm ausreichend Bewegungsspielraum für einen Angriff. Ein befreundeter Schlangenhalter aus München berichtete uns von einer Attacke seines großen Tigerpythons, dessen Biß ins Gesicht mit solcher Wucht geführt worden war, daß unser Bekannter vorübergehend das Bewußtsein verlor. Bleibt noch zu sagen, daß das Reptil in einem begehbaren Terrarium gehalten wurde.

Kann mich eine Riesenschlange töten?

Beim ernsthaft vorgetragenen Angriff einer Würgeschlange von 4,5 m und mehr ist sicherlich niemand mehr in der Lage, sich allein aus der Umklammerung des Reptils zu befreien. Solche Attacken können auch tödlich enden. Es kommt immer wieder (wenn auch selten) vor, daß ein Mensch von einem Python erwürgt wird. Dies ist jedoch fast immer auf ein Fehlverhalten des Schlangenhalters gegenüber seinem Schützling oder aufgrund gezielter

Jeder dieser beiden Netzpythons wiegt etwa 100 kg. Eines der Tiere wurde von seinem letzten Besitzer mit Lämmern gefüttert. *Python reticulatus* dieser Größe sind als äußerst gefährlich einzustufen. Foto: Stöckl

Provokation eines wildlebenden Tiers dieser Gattung der Fall. Ludwig TRUTNAU berichtet in seinem Buch „Schlangen 1" von einer Gruppe von Männern in Vietnam, die einen großen Netzpython solange ärgerten, bis er sich einen von ihnen im wahrsten Sinn des Wortes „zur Brust nahm".

Daß es immer wieder zu Unfällen kommt, verwundert auch nicht, wenn man hören muß, daß ein Halter von *Python reticulatus* aus Spaß seinen

Präparat einer grünen Anakonda im Haus der Natur in Salzburg. Eine Riesenschlange dieser Größe wäre ohne weiteres in der Lage, einen Menschen zu töten.
Foto: Stöckl

Schützling in der Nacht aus dem Terrarium holt und der Frau (die ohnehin gegen die Schlangenhaltung ist) aufs Bett wirft. Bleibt noch zu sagen, daß wir hoffen, mit diesen Zeilen keine Nachahmer zu produzieren (wobei hier unser Mitgefühl insbesondere der Schlange gilt).

Abwehrbisse

Grundsätzlich muß jeder, der mit Riesenschlangen umgeht, damit rechnen, irgendwann einmal gebissen zu werden. Dies sind aber in der Regel nur Abwehrschläge, bei denen das Reptil mit geöffnetem Maul vorschnellt, ohne es zum Futterbiß zu schließen. Gelegentlich kommt es aber auch vor, daß das Tier richtig zuschnappt. Eine brasilianische Rotschwanzboa, *Boa c. constrictor,* aus dem Bestand des Verfassers war so freundlich, einen produktiven Beitrag zum Gelingen dieses Buchs zu leisten, indem sie bei der Handhabung kräftig zubiß.

Um das daraus entstandene Foto von der Verletzung farbenprächtig und eindrucksvoll zu gestalten, wickelte sich die Boa auch noch um den Unterarm des Autors, massierte die Zähne

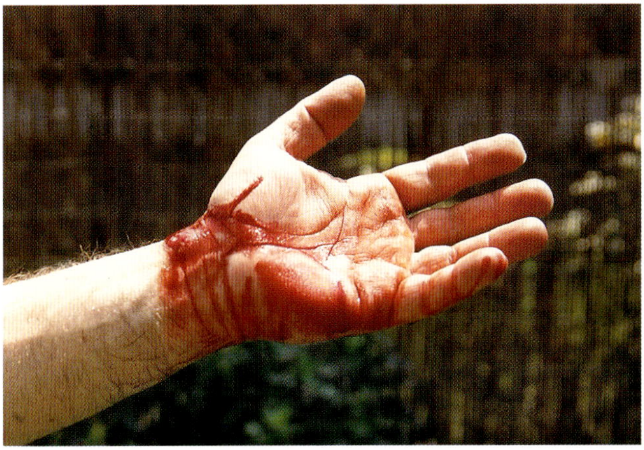

Hände zu waschen anschließend nach der Schlange greift, braucht sich nicht zu wundern, wenn das Reptil in froher Erwartung eines Nagers zupackt.

Links: Entgegen sonstiger Gepflogenheit führte die *Boa c. constrictor* keinen Abwehr-, sondern einen Futterbiß durch.

Mitte: Daß alles nur halb so schlimm ist, zeigt dieses Foto, das etwa eine halbe Stunde später aufgenom-men wurde.

Unten: Ekelhaft wird es nur, wenn einige Zähne der Schlange in der Wunde verbleiben und dann im Verlauf der nächsten Monate langsam herauseitern.
Fotos: Stöckl

kräftig ein und ließ erst nach einer kalten Dusche aus der Wasserleitung wieder los.

Dabei hatte der Verfasser noch Glück, denn bei Vogelfressern wie *Corallus caninus* (Hundskopfschlinger) und *Chondropython (Morelia) viridis* (Grüner Baumpython) ist eine Bißverletzung aufgrund der sehr ausgeprägten Fangzähne um ein Vielfaches schmerzhafter. Da kann es schon passieren, daß die Zähne des Reptils die Handfläche beinahe vollständig durchdringen.

Jeder, der schon einmal von einem Hundskopfschlinger (dem ohnehin kein freundliches Temperament nachsagt wird) gebissen worden ist, wird in Zukunft mehr Vorsicht bei der Handhabung seines Schützlings walten lassen. In den weitaus meisten Fällen sind Abwehrbisse vorhersehbar und wären vermeidbar gewesen. Wer vorher noch mit Ratten hantiert und ohne sich die

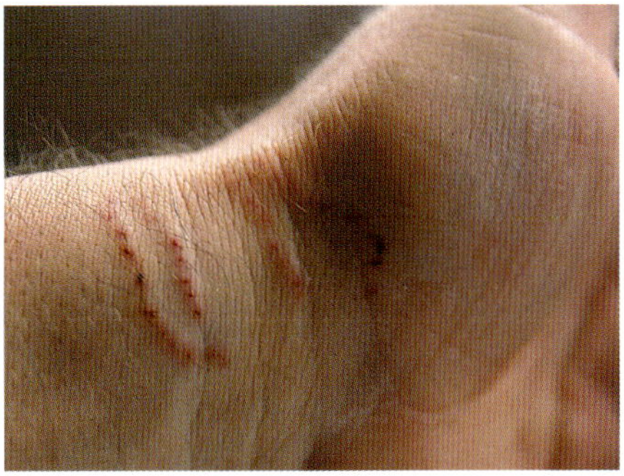

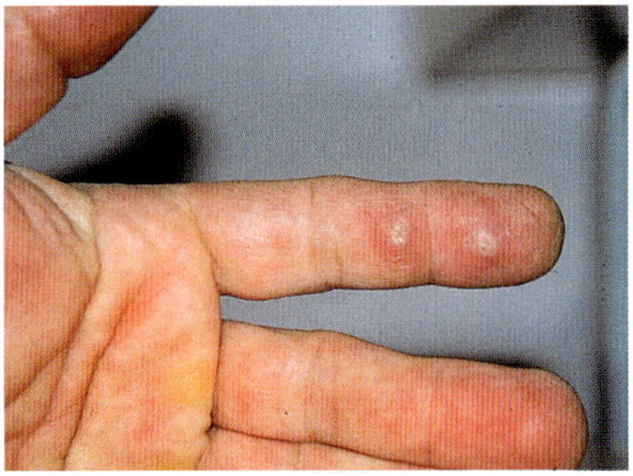

Die Anschaffung einer Riesenschlange

Kopfstudie eines Hundskopfschlingers *(Corallus caninus)*. Leider sind diese außergewöhnlich schönen Tiere heikle Pfleglinge, die im Gegensatz zu *Boa constrictor* oder *Python molurus* in der Terrarienhaltung selten ein hohes Alter erreichen. Foto: Prem

Bevor Sie eine Boa oder einen Python erwerben, sollten Sie sich über einige Dinge Gedanken machen:

Lebenserwartung

Riesenschlangen sind Gewohnheitstiere. Nichts ist ihnen so zuwider und ihrer Gesundheit so abträglich wie häufige Standortwechsel. Deshalb sollten Sie beim Kauf dem Tier einen Platz fürs ganze Leben bieten können und wollen! Zu bedenken ist hierbei, daß die robusten Arten unter den Würgeschlangen (wie z. B. der Dunkle Tigerpython oder *Boa constrictor*) in der Haltung unter menschlicher Obhut 30 Jahre und älter werden können. Rekordhalterin ist (bzw. war) eine *Boa constrictor* in einem Zoo in den USA die 40 Jahre, drei Monate und 14 Tage lebte.

Freßgewohnheiten

Auch die Ernährungsgewohnheiten dieser Tiere sollten nicht außer Acht gelassen werden. Sie sind reine Fleischfresser und darauf angewiesen, von Ihnen gefüttert zu werden.

Prüfen Sie sich: Kann ich meinen Ekel vor Mäusen und Ratten überwinden? Schaffe ich es, den niedlichen Hamster oder das hilflose Eintagsküken zur Schlange ins Terrarium zu setzen? Was ist, wenn das Zwerghäschen treuherzig dreinblickt, muß es dann trotzdem zum Tigerpython?

Wir schreiben dies hier nicht, um Sie vom Kauf einer Riesenschlange abzuhalten, aber jeder sollte sich darüber im

Klaren sein, was auf ihn zukommt. Glücklicherweise nehmen fast alle gut eingewöhnten Riesenschlangen auch Frostfutter, das vom Fachhandel bezogen werden kann (wir werden später noch darauf eingehen). Das macht vieles einfacher, wenn es Sie auch nicht von der Notwendigkeit befreit, die toten Futtertiere anzufassen.

Hier noch eine kleine Aufmunterung: Die Liebe zu ihrem Schützling wird Sie schon nach kurzer Zeit die ethischen

Adultes Weibchen von *Boa constrictor ortonii.*
Foto: Stöckl

Aspekte der Fütterung vergessen lassen, und auch der Ekel verschwindet bald.

Mietverhältnis und Schlangenhaltung

Dieses Thema wollen wir etwas ausführlicher darstellen, da es unserer Meinung nach bisher in der „Schlangenliteratur“ zu stiefmütterlich behandelt wurde. Wenn Sie stolzer Besitzer eines Eigenheimes sind, dann können Sie ja diesen Abschnitt einfach überlesen.

Vorneweg noch eines: Wir sind keine Juristen. Die folgenden Passagen sollen keine verbindliche Rechtsauskunft darstellen. Auch behalten wir uns Irrtümer und falsche Interpretation einschlägiger Literatur vor. So, jetzt sind wir abgesichert, dann kann es losgehen:
74 % der Ost- und 59 % der Westdeutschen wohnen zur Miete (Stand Juli 1998). Meist wird es so sein, daß Wohnungseigentümer und Nachbarn von der Riesenschlangenhaltung nicht begeistert sind. Grund genug, hier einmal die Rechtslage etwas unter die Lupe zu nehmen:
Zunächst versteht es sich von selbst, daß Sie zunächst den Hausherrn um Erlaubnis fragen müssen, bevor eine Boa oder ein Python bei Ihnen einzieht. Auch ist es sicherlich nicht verkehrt, vorher mit den Nachbarn zu sprechen, um dem Vermieter dann (im gün-

stigsten Fall) sagen zu können, daß diese keine Einwände haben. Verweigert der Wohnungseigentümer trotzdem die Erlaubnis, so sollten Sie einen Blick in Ihren Mietvertrag werfen. Es gibt folgende Möglichkeiten:

1. Im Mietvertrag ist nichts über die Tierhaltung geregelt. Nach Auffassung des AG Köln (WM 90,343) ist für die Haltung von ungefährlichen Schlangen in einem Terrarium keine Genehmigung erforderlich; anders bei zahlreichen Gift- und Würgeschlangen in einer Eigentumswohnung (OLG Frankfurt, LG Bochum NJW-RR 90, 1430).

2. Ihr Mietvertrag verbietet die Tierhaltung. Sie werden wohl kaum Aussicht haben, Ihr Ansinnen durchzusetzen.

3. Ihr Mietvertrag erlaubt die Tierhaltung. In diesem Fall darf der Mieter gewöhnliche Haustiere wie Hunde, Katzen oder Vögel halten. Leider ist es aber für ein Triumphgeheul zu früh. Das AG Charlottenburg hat nämlich entschieden, daß ungewöhnliche Tiere wie Gift- und Würgeschlangen nicht dazu zählen (AG Charlottenburg, GE 88, 1051).

4. Ihr Mietvertrag verlangt die Zustimmung des Vermieters. Aus dem Umstand, daß der Vermieter nicht verpflichtet ist, das Halten einer Ratte (LG Essen WM 91,340) zu gestatten, erlauben wir uns den Schluß, daß es hinsichtlich einer Riesenschlange im Falle einer gerichtlichen Auseinandersetzung zu einer ähnlichen Entscheidung kommen würde.

Auch wenn Sie Wohnungseigentümer sind, können Sie noch lange nicht in Ihrer Eigentumswohnung tun und lassen was Sie wollen. Hat die Mitgliederversammlung einen Beschluß gegen Tierhaltung erlassen, werden Sie sich schwer tun, Ihre Riesenschlange durchzusetzen, wenn die anderen Eigentümer dagegen sind.

Grundsätzlich gilt: Je größer Ihre Riesenschlange ist und je mehr Exemplare Sie halten, um so schwerer ist Ihr Stand im Falle einer gerichtlichen Auseinandersetzung. Auch steht fest, daß die Rechtsprechung zur Tierhaltung sehr unterschiedlich ist.

Nach Meinung eines anerkannten Rechtswissenschaftlers, Herrn Prof. TEICHMANN, in der ZDF-Sendung „Wie würden Sie entscheiden?“ am 02.07. 1998 werden die Gerichte das Selbstbestimmungsrecht des Menschen, keine Tiere in seiner Nähe zu haben, künftig stärker gewichten.

Noch ein Hinweis: Wenn Sie sich heimlich eine Boa oder einen Python in Ihrer Mietwohnung halten, dann kann es Ihnen passieren, daß Sie das Tier entweder abgeben oder ausziehen müssen. Sie sollten sich nicht darauf verlassen, die Existenz Ihres Exoten auf Dauer geheimhalten zu können (Stichwort: geschwätziger Heizungsableser o. ä.).

So sieht die in Deutschland kaum bekannte bolivianische Form der Kurzschwanzboa, *Boa c. amarali,* aus. Charakteristisch für diese *Boa constrictor*-Unterart sind die schmalen Sattelflecken mit den ausgeprägten „Widows-Peaks", vielen schwarzen Sprenkel und der extrem kurze Schwanz, von dem sie ihren Trivialnamen hat.
Foto: Stöckl

Welche Riesenschlange ist am besten für mich?

Sie haben nun alle Hindernisse aus dem Weg geräumt. Die Nachbarn sind einverstanden, der Vermieter hat seinen Segen erteilt, Sie trauen sich zu, das Tier zu füttern und sind tierlieb genug, es bis an sein Lebensende pflegen zu wollen. Jetzt sind Sie auf dem Weg zur Bank, um das nötige Kleingeld zum Erwerb des Reptils aus dem Automaten zu holen. Sie haben auch schon eine bestimmte Art, die Ihnen besonders gut gefällt (natürlich eine *Boa constrictor),* ins Auge gefaßt. Trotzdem sollten Sie Ihren Kaufentschluß für dieses Tier nochmals anhand der folgenden Punkte überprüfen:

Nachzuchten oder Wildfänge

Wir raten dringend davon ab, Wildfänge zu erwerben. Durch den Kauf eines in freier Wildbahn geborenen Tiers unterstützen Sie die teilweise hemmungslose Entnahme aus der Natur. Bestes Beispiel hierfür ist der Königspython, *Python regius.* Diese sanftmütigen Clowns unter den Riesenschlangen werden in solchen Mengen aus Westafrika importiert, daß man sich fragt, wie lange es dort wohl noch welche gibt.

Der Streß des Fangens, die anschließende Massenhaltung unter unhygienischen Bedingungen bis zum Abtransport, unzureichende Versorgung mit Wasser und Futter und dauernde Standortwechsel führen dazu, daß ein hoher Prozentsatz der eingeführten Tiere verendet, noch ehe sie den „Endverbraucher" (anders kann man hier nicht sagen) erreichen. Wir haben selbst einmal miterlebt, wie eine Wagenladung Königspythons erfroren beim Händler ankam. Dies schert jedoch jene nicht, die ihr Geschäft damit machen, da die Verlustquote bereits in der Kalkulation enthalten ist.

Jene Riesenschlangen, die lebend beim Händler ankommen, sind oft krank, von Parasiten befallen und fressen nicht. Selbst wenn es gelingt, die Wildfänge gesund zu pflegen, sind es meist keine guten Zuchttiere, weil sie bereits an das

Die Belize Zwerboa, *Boa constrictor imperator,* gehört zu den wirklichen Zwergen der *Boa constrictor*-Familie. Die Crawl Cay common *Boa constrictor,* wie sie (vor allem in den USA) auch genannt wird, ist bekannt dafür, ihre Färbung stark verändern zu können. Bisher wurde diese Variante in Deutschland erst einmal nachgezogen. Foto: Stöckl

Leben in der freien Natur gewöhnt sind und bestimmte klimatische Voraussetzungen zur Paarungsauslösung benötigen.

An so einer Schlange werden Sie keine Freude haben. Deshalb unser Rat und unsere Bitte:

Kaufen Sie nur Nachzuchten!

Babys oder adulte Exemplare

„Einen alten Baum verpflanzt man nicht mehr" heißt ein deutsches Sprichwort. Damit ist gemeint, daß man alte Leute nicht aus ihrer gewohnten Umgebung reißen soll, weil das ihrem Wohlbefinden abträglich ist.

Dasselbe gilt auch für Riesenschlangen. Wie eingangs schon erwähnt, reagieren diese Reptilien auf Ortswechsel äußerst empfindlich. Vorher kerngesunde Tiere hören auf zu fressen oder werden sogar krank, wenn sie verkauft werden. Sie können daher gar nichts besseres tun, als Babies zu erwerben und diese großzuziehen.

Wie schön, wenn man ihre Entwicklung vom kleinen Würmchen zur mächtigen Riesenschlange hautnah miterlebt!

Zu bedenken ist auch, daß adulte (geschlechtsreife) Exemplare häufig angeboten werden, weil sie irgend eine Macke haben oder gar krank sind. Das wird Ihnen der Verkäufer aber nicht immer auf die Nase binden.

Also: Vorsicht!

Tiger- oder Königspython

Was wir mit dieser Überschrift ausdrücken wollen, ist folgendes: Bedenken Sie beim Erwerb einer Riesenschlange, welche Größe diese einmal erreichen wird.
Der Dunkle Tigerpython wird zum Beispiel als Baby gerne gekauft, da er klein, niedlich, hübsch anzusehen und meist recht zahm ist.
Beim Erwerb eines weiblichen Exemplars hat man jedoch die Garantie, selbst bei zurückhaltender Fütterung irgendwann einmal einen Schlegel mit 3 m oder mehr zu besitzen. Einen weiblichen *Python molurus bivittatus* in sechs Jahren auf über 4 m zu füttern ist kein Problem. Da liegt er dann, der Tiger, und will alle 14 Tage seinen Hasen, während das Terrarium schon aus allen Nähten platzt.
Vielleicht ist das Reptil dann noch dazu aggressiv und donnert mit voller Wucht jedesmal gegen die Scheibe, wenn jemand vorbeigeht.
In diesem Zusammenhang erinnert sich der Autor mit Schaudern an den Anruf einer Bekannten (28 Jahre, ca. 52 kg), die ihn bat, vorbeizuschauen, um den 4,5m langen Netzpython aus dem vollgekoteten Badebecken zu holen, in dem er schon seit drei Tagen lag. Wie es in der kleinen Zwei-Zimmer-Wohnung roch, können Sie sich vorstellen. Was der Netzpython veranstaltete, als wir ihn herauszerrten, können Sie sich hingegen nicht vorstellen.
Zur Ehrenrettung dieser Frau muß allerdings gesagt werden, daß sie das Tier von jemanden übernommen hatte, der es (aufgrund der Größe) aussetzen wollte.
Da auch die Verantwortlichen in den Zoos längst abwinken, wenn man ihnen einen solchen Riesen schenken will, kommt es gar nicht selten vor, daß das Reptil kurzerhand in einer Kiste oder samt dem Terrarium (wie jüngst in der Münchener Fußgängerzone) ausgesetzt wird. Nicht selten sterben die Tiere dabei an den Folgen der Unterkühlung.
Also: Bitte einen Netz- oder Tigerpython (oder vergleichbare Riesenschlange) wirklich nur erwerben, wenn Sie genug Platz haben und das Tier auch dann behalten können (und wollen), wenn es seine artgemäße Größe erreicht hat und nicht immer freundlich und lieb ist.

Python oder Boa?

Natürlich ist es Geschmackssache, welche Riesenschlange man erwirbt. Grundsätzlich sollten Sie jedoch eines bedenken:

Pythons legen Eier, Boas bringen die Jungen lebend zur Welt.

Wer Riesenschlangen erwirbt, um später einmal damit zu züchten, sollte sich diesen Satz gut einprägen (es steckt viel Weisheit in ihm). Die Sache mit den Eiern kann mitunter ein ziemliches Problem sein, und zwar aus folgenden Gründen:

◆ Es ist kein Verlaß darauf, daß das Muttertier die Eier ausbrütet. Sollte die Gute plötzlich keine Lust mehr verspüren, das Gelege selbst zu betreuen und ist kein Inkubator zur Hand, kommt Streß auf.

◆ Wer dem Weibchen das Gelege wegnehmen will, um es in den Brutapparat zu geben, wird sich (insbesondere wenn das Muttertier unser besagter Tigerpython von 4 m Länge ist) warm anziehen müssen. Die Eier dürfen bei der Aktion weder beschädigt noch in ihrer Lage verändert werden.

◆ Dann jeden Tag beim Betrachten des Geleges die bange Frage: Ist dieses etwas eingefallene Ei noch gut oder muß ich es entfernen, damit es nicht alle anderen verdirbt?

◆ Als nächstes: Die Jungen müßten eigentlich schon geschlüpft sein. Ist es trotzdem noch zu früh oder schaffen es die Würmchen bloß nicht, herauszukommen? Aufschneiden, und riskieren etwas kaputt zu machen, oder nichts tun und das Risiko eingehen, daß die Jungen erstikken? Und so weiter, und so weiter...

Wir haben uns bewußt für *Boa constrictor* entschieden, weil hier weder Brutapparat noch hellseherische Fähigkeiten vonnöten sind. Die Jungen kommen vollständig entwickelt zur Welt und sind entweder gesund und fit oder sie sind es nicht. So einfach ist das.

Verstehen Sie uns nicht falsch, selbstverständlich raten wir nicht davon ab, mit Pythons zu züchten. Es ist sicher eine Herausforderung, zum Beispiel grüne Baumpythons, *Chondropython (Morelia) viridis,* oder die überaus seltenen australischen Schwarzkopfpythons nachzuzüchten. Wenn es gelingt und gesunde Junge aus den Eiern schlüpfen, ist die Freude natürlich riesengroß. Wir wollen nur zu Bedenken geben, daß der Aufwand bei einer eierlegenden Schlange wesentlich höher ist.

Bei der sandfarbenen Variante von *Boa c. longicauda* kommt die ausgeprägte Zeichnung des Kopfes – die typisch für diese Unterart ist – besonders gut zur Geltung. Foto: Stöckl

Wo erwerbe ich eine Riesenschlange?

Etwas für den großen Geldbeutel sind Angola-Pythons. Wer ein Pärchen dieser sehr selten gehaltenen Tiere erwerben möchte, darf 20.000 US – Dollar hinblättern. Foto: Broghammer

Die Antwort ist einfach: Beispielsweise beim Züchter. Wir empfehlen Ihnen, hinzufahren und sich das Tier selbst auszusuchen. Bei dieser Gelegenheit können Sie auch einen Blick auf die Haltungsbedingungen werfen. Wer einen Saustall vorfindet, sollte sich höflich verabschieden und vom Kauf Abstand nehmen.
Die zweite gute Wahl sind seriöse Händler, die nur Nachzuchten anbieten. Sie sehen auch hier die Haltungsbedingungen und können Ihre Wahl treffen.

links: Karl Gürtner aus München, erfolgreicher Züchter von Tigerpythons macht es vor: Schon als Babys sollen Riesenschlangen regelmäßig herausgenommen werden, um sie an den Menschen zu gewöhnen. Foto: Gürtner

Hektiker oder Phlegmatiker

Diese etwas lustig klingende Überschrift hat durchaus ihre Berechtigung. Wie bei den Menschen, gibt es auch bei den Riesenschlangen unterschiedliche charakterliche Veranlagungen, die artspezifisch, aber auch individuell sein können. Beim Erwerb eines Blutpythons oder einer Pazifikboa darf man kein Streicheltier erwarten. Wenn Sie so etwas wollen, dann sollten Sie sich eher für eine *Boa c. imperator* entscheiden. Wenn Sie die Auswahl aus einem Wurf Babys haben, so sollten Sie nacheinander mehrere Exemplare in die Hand nehmen und dabei deren Verhalten beobachten. Gerät das Tier bei der Handhabung in Panik, dann ist es für jemanden, der seine Schlange oft herausnehmen will, nicht geeignet. Bleibt es aber ruhig und züngelt interessiert in der Gegend herum, dann haben Sie ihre „Streichelschlange“ gefunden.

Wo sollte ich kein Tier kaufen?

Abstand nehmen sollten Sie auch davon, ihre Schlange auf sogenannten Reptilienbörsen zu erwerben. Dort hat der Käufer keinerlei Einblick in die Haltungsbedingungen des Anbieters. Außerdem ist es zumeist so, daß dasselbe Tier jeden Samstag oder Sonntag (von 29.08.98 bis 31.10.98 fanden in Deutschland 9 Reptilienbörsen statt) auf einer anderen Börse feilgeboten wird, bis sich endlich jemand findet, der es kauft. Bis dahin wird es von tausend Augen begafft, ein dutzendmal herausgenommen, hochnotpeinlich nach irgendwelchen Makeln untersucht und womöglich mehrmals zur Geschlechtsbestimmung sondiert.
Wie eingangs schon erwähnt, sind Riesenschlangen Gewohnheitstiere die nichts so sehr hassen, wie Ortswechsel oder Störungen. Sie können sich vorstellen, wie der Börsentourismus manchen Tieren gesundheitlich zusetzt. Auch die Unterbringung in ungeheizten Plastikboxen während dieser Veranstaltungen finden wir nicht ideal.
Börsen sind unserer Meinung nach nur dafür geeignet, sich mit Zubehörartikeln zur Terraristik (z. B. dieses Buch) einzudecken.
Fans der Börse in Hamm werden argumentieren, daß die zweimal jährlich dort stattfindende Terraristika (die größte Reptilienbörse in Deutschland) aufgrund der behördlichen Auflagen dem Tierschutz in vollem Umfang Rechnung trägt. Dort müssen die Aussteller ihre Behälter auf drei Seiten mit einem Sichtschutz verkleben. Außerdem ist es untersagt, diese zu öffnen. So soll den Tieren ein Maximum an Ruhe verschafft werden. Leider gehen aber nun die Kaufinteressenten dazu über, die Behälter solange zu schütteln, bis sie das Objekt ihrer Begierde von jeder Seite gesehen haben.
Sie lachen? Das ist kein Witz, sondern wurde uns von einem börsenerfahrenen Händler erzählt. Da dies noch dazu häufig vorkam (wie er sagte), kommt man fast in Versuchung, von der „Schüttelbörse“ in Hamm zu sprechen.
Wir können natürlich nicht ausschließen, daß Umstände eintreten, die uns dazu veranlassen, mit unseren Nachzuchten auch einmal eine Börse zu besuchen. Doch dies wird nur der Fall sein, wenn niemand mehr geneigt ist, sich sein Tier beim Züchter selbst abzuholen.

Das Sattelfleckenmuster dieser bei uns selten gehaltenen Variante von *Boa c. imperator* erinnert ein wenig an die Zeichnung des Netzpythons. Dieses ansprechende Muster findet sich nur bei Imperatorboas aus Belize, einem kleinen Staat südlich von Mexiko.

Sie sind nun mit einer handvoll Bargeld (nur bares ist wahres) zum Züchter gefahren, haben sich eine schöne Peruanische Rotschwanzboa, *Boa c. ortonii*, Nachzucht 1999, ausgesucht und eine Anzahlung geleistet, damit er Ihnen das Tier noch eine Weile aufhebt.

Der Grund, warum Sie es nicht gleich mitgenommen haben ist: Es fehlt noch das Terrarium!

Mit der Ausstattung und Beschaffenheit desselben steht und fällt die Gesundheit Ihres Tiers, das sollten Sie sich immer vor Augen halten!

Ein gutes Terrarium ist nicht ganz billig, nicht einmal dann, wenn es völlig falsch konzipiert ist und dem Bewohner langsames Siechtum und letztlich den Tod beschert.

Deshalb: Wenn Sie schon gutes Geld ausgeben, dann sollte das Behältnis für Ihre Riesenschlange alle Voraussetzungen für optimale Haltung bieten. Aus diesem Grund wollen wir jetzt gemeinsam Punkt für Punkt durchgehen, was ein gutes Terrarium ausmacht.

Die Größe

Wir werden immer wieder gefragt, welche Abmessungen ein Terrarium haben soll, wenn die Schlange so und so groß ist.

Schlangenhaltung in den USA. Oftmals werden sogar adulte Tiere in Plastikbehälter, wie sie rechts zu sehen sind, aufbewahrt. Deshalb findet sich in der amerikanischen Literatur die Empfehlung, die Tiere zweimal wöchentlich herauszunehmen und herumkriechen zu lassen, um eine durch Bewegungsmangel verursachte Verstopfung zu vermeiden. Glücklicherweise wird eine derartige Hälterung in Deutschland durch die zuständigen Behörden unterbunden. Foto: Stöckl

Abgottschlangen, *Boa constrictor*, und Baumpythons, *Chondropython (Morelia) viridis*. Diese beiden Beispiele lassen sich nämlich in etwa auf die anderen Arten übertragen.

Gattung	Gehegegröße (bezogen auf Gesamtlänge) L x B x H
Boa (Amerikanische Boas) über 4 m	unter 1,5 m 1,0 x 0,5 x 0,75 über 1,5 m 0,75 x 0.5 x 0,75
Chondropython (Baumpython)	0,75 x 0,5 x 1,5

Das Bundesministerium für Ernährung, Landwirtschaft und Forsten, Referat Tierschutz hat hierüber von einer „Sachverständigengruppe tierschutzgerechte Haltung von Terrarientieren“ ein Gutachten über „Mindestanforderungen an die Haltung von Reptilien“ eingeholt. Es würde den Rahmen dieses Buchs sprengen, für alle Arten von Riesenschlangen die Maße anzugeben, deshalb beschränken wir uns auf

Zum besseren Verständnis ein Beispiel: Sie haben eine *Boa constrictor* von 1,60 m Länge.

Die Maße des Terrariums berechnen sich dann wie folgt:

1,60 m x 0,75 = 1,20 m
(Länge des Terrariums);
1,60 x 0,5 = 0,80 m
(Breite des Terrariums);
1,60 m x 0,75 = 1,20 m
(Höhe des Terrariums).

Mit seinem wunderschönen Smaragdgrün stellt dieses Prachtexemplar von *Chondrophython viridis* eine Zierde für jedes Wohnzimmerterrarium dar.
Foto: Hartmann

Diese Berechnung gilt übrigens für zwei Tiere dieser Größe, die dann in einem Terrarium mit diesen Maßen untergebracht werden können.

Abschließend ist zu sagen, daß dieses Gutachten zu dem Zeitpunkt, als wir unser Buch verfaßten, noch keine Gesetzeskraft erlangt und somit nur empfehlenden Charakter hatte. Wir wollen auch nicht verhehlen, daß wir insbesondere die Vorgaben für die Höhe des Terrariums für überzogen halten, auch wenn die Maximalhöhe auf 2 m begrenzt ist.

Das Material

Ein Glasterrarium ist für Riesenschlangen nur sinnvoll, wenn der Raum, in dem es steht, auf die notwendige Temperatur (bis zu 30° Celsius) beheizt wird. Ansonsten, und das sagen wir hier klipp und klar, können sie dieses Material vergessen. Ein gläsernes Schlangenbehältnis, das in einem kühlen Raum steht und deshalb beheizt werden muß, ist aufgrund der fehlenden Isolierung nicht in der Lage, Wärme zu speichern. Deshalb wird die Heizung fast ununterbrochen in Betrieb sein. So

Unten: Der Heizstrahler im Terrarium muß unbedingt mit einem Schutzgitter versehen werden, da sich sonst die Schlange schwere Verbrennungen zuziehen könnte.

Rechts: Ein Thermostat ist absolutes Muß für jedes intern beheizte Terrarium. Der „Biotherm 2000" der Firma Dohse Aquaristik wird am häufigsten benutzt und hat sich bestens bewährt.
Fotos: Stöckl

wird eine Unmenge Strom verbraucht und zudem die Luftfeuchtigkeit auf ein für Boas und Pythons gesundheitsgefährdendes Maß gesenkt.
Wir empfehlen daher helle, beschichtete Spanplatten (19 mm) mit einer Front aus Naturholz und großzügigen Schiebefenstern (6 mm). In einem Gehege aus diesen Materialien hält sich die Wärme verhältnismäßig gut. Kot und Urin lassen sich aufgrund der Beschichtung leicht entfernen, da nichts in das Holz eindringen kann.

Die Beheizung

Von Bodenheizungen, insbesondere von solchen mit höheren Wattzahlen raten wir dringend ab. Die Schlangen legen sich drauf und trocknen aus. Schon mehrfach haben uns Leute angerufen und um Rat gefragt, weil ihr Python sich schlecht häutet und ganz schrumpelig aussieht. Auf die Frage nach der Luftfeuchtigkeit im Terrarium schwören die Leute Stein und Bein, daß diese über 60 % liegt. Richtig, aber nicht unmittelbar auf der Bodenheizung! Messen Sie mal nach und Sie werden Ihr blaues Wunder erleben: 35% und weniger sind keine Seltenheit. Leider lieben die Schlangen diese Plätze, weil es dort so schön warm ist. Sie sind einfach zu dumm, um zu merken, daß der Aufenthalt auf einem starken Heizkabel sie langsam aber sicher umbringt.
Andere Terrarianer wiederum nutzen die Bodenheizung, um das Wasserbecken draufzustellen. Der Erfolg ist, daß das Wasser schön lauwarm und eine

besonders gute Brutstätte für schädliche Bakterien wird. Wir haben sämtliche Heizkabel und -matten schon vor Jahren wieder rausgeworfen, und es hat uns noch keinen Tag gereut.

Das Terrarium heizen Sie am besten mit einem Infrarotstrahler (erhältlich von 60 bis 250 Watt), der kein sichtbares Licht abgibt. Letzteres ist besonders wichtig, um den Tag-/Nachtrhythmus für die Bewohner zu gewährleisten. Die Wärmequelle ist mit einem stabilen Schutzgitter zu ummanteln, da sich Ihre Schlange sonst schwerwiegende Verbrennungen zuziehen kann.

Den Infrarotstrahler befestigen Sie an der Decke des Geheges etwa beim Übergang vom ersten zum zweiten Drittel (Länge). Gesteuert wird das ganze von einem Regler, dessen Fühler ständig die Innentemperatur mißt und den Strahler bei Erreichen der gewünschten Gradzahl aus-, und im umgekehrten Fall wieder einschaltet. Wir benutzen den „Biotherm" seit unseren Anfängen als Schlangenhalter. Bisher hat noch keines dieser Geräte seinen Geist aufgegeben.

Der Bodengrund

Den idealen Bodengrund gibt es leider nicht. Beispiele gefällig? Bitteschön:

- auf keimfreier Erde oder Rindenmulch ist der Kot schlecht zu sehen
- bei Aquarienkies läuft der Urin bis zum Boden durch.
- Räuchergold, Kleintierstreu, Sand und Seramis bekommen die Tiere beim Fressen gleich mit ins Maul (und den Staub davon in die Nase).
- Filzartige Kunststoffbeläge (die grünen, Sie wissen schon) sind schwer zu reinigen, oder behalten meist Rückstände der Reinigungsmittel.

Die Argentinische Boa ist vom Aussterben bedroht. Da sie mittlerweile in Terrarien nachgezogen wird, kann Ihr Bestand jedoch als halbwegs gesichert gelten. Leider dürfte ein Ausflug ins Freie, wie ihn diese Nachzucht `98 unternimmt, eher die Ausnahme bleiben. Das Tier wird sein ganzes Leben im Terrarium verbringen. Foto: Stöckl

Wir haben uns für Zeitungspapier entschieden. Beim Institut für Parasitologie an der Universität Hohenheim hatte Professor Werner FRANK Zeitungspapier als Bodengrund schon vor 15 Jahren eingeführt. Die Druckerschwärze wirkt leicht bakterizid (bakterientötend) und schadet den Schlangen entgegen landläufiger Meinung überhaupt nicht. (SCHAD, persönliche Mitteilung).

Zeitungspapier ist wunderbar zu handhaben, man rollt es einfach zusammen, wenn die Schlange reingemacht hat; ein bißchen nachwischen, und damit hat sichs. Das Terrarium sollte ohnehin mindestens einmal im Monat komplett gereinigt werden. Mit Zeitungspapier als Bodengrund ist der Arbeitsaufwand hierfür um ein vielfaches geringer. Der einzig störende Faktor ist die Optik, aber eine schöne Schlange kann nichts entstellen.

Die Belüftung

Riesenschlangen haben einen wesentlich geringeren Sauerstoffbedarf als Säugetiere. Deshalb sind großflächige Belüftungsöffnungen nicht notwendig. Eine übermäßige Ventilation geht zu Lasten der Luftfeuchtigkeit, da sich die Heizung öfters einschalten wird.

Besser ist es, bei den täglichen Reinigungsarbeiten für zehn Minuten die Schiebegläser weit zu öffnen und auf diese Weise für eine komplette Durchlüftung zu sorgen.

Die Belüftungsöffnungen können in Form von Lochgittern oder einfach nur durch simple Bohrlöcher geschaffen werden. Am besten eignen sich die Seitenwände des Terrariums. Hierbei ist das physikalische Gesetz zu beachten, daß warme Luft nach oben steigt und kalte nach unten sinkt.

Die Belüftungsöffnung auf der dem Heizstrahler näher liegenden Seite sollte daher unten, und die auf der anderen Seite oben geschaffen werden.

Kletteräste

Insbesondere bei baumbewohnenden Riesenschlangen sind Kletteräste unerläßlich. Baumpythons, *Chondropython (Morelia) viridis,* und Hundskopfschlinger, *Corallus caninus,* würden ohne ein verzweigtes Geäst nicht artgerecht gehalten.

Es empfiehlt sich, die Äste so anzubringen, daß sie leicht zu reinigen und ohne größere Umstände herauszunehmen sind. Die Rinde sollte vom Stamm abgeschält werden, um unter ihr lebenden Schädlingen keine Möglichkeit zu geben, im Terrarium ihr Unwesen zu treiben.

Wir bevorzugen statt Ästen herausnehmbare Ablageflächen, die ebenfalls zum Klettern benutzt werden können. Die Schlangen lieben diesen Hochsitz. Außerdem ist er leichter zu reinigen als Kletteräste.

Versteckmöglichkeiten

Zur artgerechten Haltung von Riesenschlangen im Terrarium gehört auch ein Platz, an dem sich die Tiere verkriechen können. Der Zubehörhandel bietet zu diesem Zweck Korkrinden verschiedener Größe an, die von Boas und Pythons erfahrungsgemäß sofort akzeptiert werden. Leider sind diese Rinden nicht leicht zu reinigen. Deshalb benutzen wir große Tontöpfe, die normalerweise zur Bepflanzung vorgesehen sind. Mit einem

Trennschneider läßt sich hier eine für die Schlangen adäquate Öffnung herausflexen. Das Gefäß wird anschließend umgekehrt ins Terrarium gestellt, und fertig ist der Unterschlupf. Diese Tontöpfe können im Bedarfsfall abgewaschen und (was Sie von Zeit zu Zeit unbedingt tun müssen) im Backofen erhitzt werden, um schädliche Keime abzutöten.
Für ein Quarantäneterrarium oder sparsame Leute tut es aber auch ein Pappkarton mit einer kleinen Öffnung, damit die Schlange hineinkriechen kann.

Das große Los gezogen haben diese dunklen Tigerpython. Sie sind in einem begehbaren Terrarium untergebracht und haben viel Platz zu Verfügung. Auch das geräumige Badebecken sorgt dafür, daß sich die Tiere wohlfühlen. Foto: Gürtner

Das Wasserbecken

Gelegentlich kommen Heimwerker unter den Schlangenhaltern auf den Gedanken, das Wasserbehältnis fest ins Terrarium einzubauen. Der Luxuspool bekommt dann einen eigenen Abfluß und ist der ganze Stolz des Riesenschlangenbesitzers.
Aber damit hat unser Heimwerker schon seinen ersten Fehler gemacht. Der größte potentielle Seuchenherd im Terrarium ist das Wasserbecken. Krankheitserregende Bakterien wie *Pseudomonas aeroginosa*, die bei Riesenschlangen zu Infektionen des Magen- und Darmtrakts, sowie der Lunge führen können, halten sich bevorzugt in diesem feuchten Milieu auf.
Das Trink- und Badewasser der Riesenschlange muß deshalb täglich (!), wir wiederholen es nochmal: täglich (!) gewechselt werden. Dabei sollten Sie das Becken gründlich ausspülen, mit einer Bürste und 30 %iger Essigessenz intensiv säubern und dann nochmals ausspülen, bevor wieder frisches Wasser hinein kommt. Bei einem in das Terrarium fest eingebauten Pool mit eigenem Abfluß wird das ziemlich aufwendig.
Der zweite Grund, warum Sie ein einfaches, herausnehmbares Hydrokulturgefäß als Trink- und Badebecken verwenden sollten ist, um damit die

Man möge dieser jungen Surinamrotschwanzboa die Schleichwerbung verzeihen, denn ein Leuchtkörper, dessen Spektrum dem des Tageslichtes entspricht, sollte unbedingt Bestandteil eines jeden Riesenschlangen-Terrariums sein.
Foto: Stöckl

Luftfeuchtigkeit im Terrarium zu regulieren. Die Verdunstung richtet sich nach der Größe der Wasseroberfläche. Ist die Luftfeuchtigkeit zu niedrig, so geben Sie einfach ein größeres Wasserbecken (oder vielleicht sogar zwei) in das Schlangengehege, ist sie zu hoch, dann verwenden Sie ein kleineres.
Die Luftfeuchtigkeit im Terrarium wird maßgeblich von der Außentemperatur beeinflußt. In den kalten Monaten wird der Thermostat die Heizung im Behältnis vermehrt einschalten, was zu trockener Luft führt. An schwülwarmen Sommertagen ist das Gegenteil der Fall.
Mit verschieden großen Wasserbecken sind Sie in der Lage, zu variieren und immer die günstigsten Bedingungen zu schaffen. Mit einem fest eingebauten Badebecken geht das nicht.

Beleuchtung

Obwohl es für Riesenschlangen nicht unbedingt erforderlich ist, künstliches Licht mit UV-Anteil zu verwenden, haben wir doch festgestellt, daß die Tiere damit farblich besser zur Geltung kommen. Jedesmal, wenn wir eine Boa von einem Halter erwarben, der in seinem Terrarium weißes Neonlicht verwendete, wurde das Tier schon nach wenigen Wochen bei uns heller und farbenprächtiger.
Sie sollten aus diesem Grund darüber nachdenken, ob Sie für die Beleuchtung nicht ein paar Mark mehr ausgeben und Leuchtstoffröhren verwenden, die ein dem Strahlungsspektrum der Sonne ähnliches Licht abgeben.

Trennwand

Eine herausnehmbare Trennwand im Terrarium ist zwar kein Muß, aber bei der Haltung von mehreren Tieren in einem Gehege außerordentlich praktisch, da Riesenschlangen beim Füttern grundsätzlich zu separieren sind. Am besten eignet sich ein mit einem Drahtgitter versehener Holzrahmen, der nach dem Entriegeln seitlich aus der Fassung herausgeklappt werden kann. Aber auch eine Konstruktion, bei der die Trennwand nach vorne herausgezogen oder in der Art eines Schiebeglases ausgehängt wird, ist denkbar. Der Fantasie des Heimwerkers sind hier keine Grenzen gesetzt.

Ein Beispiel für eine dekorative Terrarienanlage im Wohnzimmer. Die Abtrennungen in der Mitte können bei Bedarf wie Schiebegläser herausgehoben werden. Dann haben die Tiere den doppelten Platz zur Verfügung. Foto: Stöckl

Meßgeräte

Eine Vorrichtung zur Messung von Temperatur und Luftfeuchtigkeit ist ein absolutes Muß in jedem Terrarium. Im Zubehörhandel werden sowohl mechanische als auch digitale Thermo- und Hygrometer angeboten.

Noch ein Tip: Bringen Sie das Meßgerät nicht dort an, wo es besonders dekorativ ist, sondern wo die Schlange gewöhnlich liegt. Nur so können Sie in etwa in Erfahrung bringen, welchen klimatischen Bedingungen ihr Liebling ausgesetzt ist. Die Unterschiede von Temperatur und Luftfeuchtigkeit in den verschiedenen Bereichen des Terrariums sind oftmals erheblich.

Die Bepflanzung

Dies ist der letzte Punkt in Hinblick auf die Beschaffenheit des Terrariums, auf den wir noch kurz eingehen möchten. In unserem Buch „Ratgeber Abgottschlangen" haben wir viel über die Bepflanzung des Geheges geschrieben. Mittlerweile sind wir nicht mehr sicher, ob es gut ist, ein Terrarium zu bepflanzen. Und zwar aus dem ganz einfachen Grund, weil die Blumenerde (die ja ständig gegossen werden muß) mit der Zeit ein Tummelplatz für Bakterien wird, die unter Umständen der Schlange schaden können.
Sicherlich kommt es auch auf die Riesenschlangen-Arten an, die sie halten. Manche, wie z. B. die Königsboa, *Boa c. imperator,* oder der dunkle Tigerpython, *Python molurus bivittatus,* sind

äußerst robust. Die werden bei artgerechter Haltung so gut wie nie krank. Andere wiederum, wie der Hundkopfschlinger, *Corallus caninus*, oder der grüne Baumpython, *Chondropython (Morelia) viridis*, sind da schon empfindlicher.

Wir werden später noch im Artenteil darauf eingehen, welche Arten der Boas und Pythons sich in der Terrarienhaltung nach unserem Kenntnisstand als robust, und welche als anfällig für Krankheiten erwiesen haben.

Doch zurück zur Bepflanzung. Grundsätzlich kommen hier *Philodendron*, *Hoya* (Wachsblume), Gummibaum, Benjamina, Yuccapalme und Kokospalme in Betracht. Sie gedeihen prächtig im Terrarium. Sogar Orchideen kommen zum Blühen. Die vorgenannten Gewächse eignen sich jedoch nur bei kleineren Riesenschlangen-Arten. Eine große *Boa constrictor*, ein Tiger- oder Netzpython wird keine Rücksicht nehmen, wenn Fütterungszeit ist und das Grünzeug beim Kampf mit dem Hasen im Weg steht. Wir empfehlen daher, bei der Lebendfütterung alle Pflanzen vorher zu entfernen.

Ohnehin eignet sich bei den größeren Arten nur die Efeutute als Terrarienpflanze. Sie ist außerordentlich widerstandsfähig und verzeiht die rauhe Herzlichkeit der Bewohner.

Dieses ansprechend bepflanzte Terrarium für Echsen wurde im Haus der Natur in Salzburg aufgenommen. So ähnlich könnte auch ein entsprechendes Behältnis für Riesenschlangen aussehen. Leider ist so ein Mini-Biotop wesentlich schwieriger sauber zu halten, als ein normales Terrarium. Foto: Prem

Haltung und Pflege von Boas und Pythons

In diesem Kapitel erfahren Sie alles Wissenswerte über den Umgang mit Ihrem neuen Haustier und die Haltungsbedingungen. Doch bevor wir ins Detail gehen noch zwei grundsätzliche Bemerkung zur Haltung von Boas und Pythons:

- Nicht jede Riesenschlange mag es, gehandhabt zu werden. Sie sollten Ihr Tier weitgehend in Ruhe lassen, wenn Sie merken, daß es beim Herausnehmen hektisch reagiert. Für solche Schlangen bedeutet Handhabung Angst, Streß und damit Gesundheitsgefährdung. Es ist kaum möglich, aus einer hektischen Schlange ein Kuscheltier zu machen. Prüfen Sie deren charakterliche Veranlagung deshalb schon beim Kauf.
- Tragen Sie immer eine Schutzbrille, wenn Sie sich ins Terrarium beugen. Jede noch so fromme Riesenschlange kann zubeißen, wenn sie erschrickt oder verängstigt ist.

Vergesellschaftung

Riesenschlangen sind Einzelgänger und brauchen keine Gesellschaft. Trotzdem stellt sich natürlich die Frage, ob mehrere Riesenschlangen in einem Terrarium gehalten werden können.
Grundsätzlich gilt: Es ist möglich, doch die Einzelhaltung ist in jedem Fall vorzuziehen.
Liegen zum Beispiel einmal schlecht verdaute Nahrungsrückstände, die auf eine Krankheit hindeuten, im Gehege, dann ist es schwer, die Hinterlassenschaft einem bestimmten Exemplar zuzuordnen. Auch die Ansteckungsgefahr im Falle einer Krankheit ist geringer, wenn die Tiere einzeln sitzen. Im Übrigen sind Riesenschlangen bei der Fütterung ohnehin zu separieren.
Boas oder Pythons, die Sie vergesellschaften wollen, müssen in etwa die gleiche Größe haben. Mehr als drei Tiere sollten Sie nicht in einem Terrarium unterbringen, Jungtiere in Aufzuchtterrarien ausgenommen.

Von den Regenbogenboas gibt es insgesamt 9 Unterarten. Bei der hier abgebildeten handelt es sich um *Epicrates cenchria alvarezi*. Diese Schlange kommt in Nord- und Zentral-Argentien vor. Foto: Broghammer

Ganz oben auf der Wunschliste jedes *Boa constrictor*-Fans steht die brasilianische Rotschwanzboa, *Boa c. constrictor.* Das hier abgebildete Weibchen beantwortet die Frage, warum das so ist. Die wenigen Exemplare, die es in Deutschland davon gibt, werden wie Goldschätze gehütet. Foto: Stöckl

Auch dürfen wir nicht versäumen, an dieser Stelle darauf hinzuweisen, daß manche Arten, wie zum Beispiel Schwarzkopfpythons, *Aspidites melanocephalus,* Artgenossen auf ihrem Speiseplan haben. Auch bei jungen Madagaskarboas, *Acrantophis dumerili,* hat es schon Fälle von Kannibalismus gegeben. Hier ist entschieden davon abzuraten, mehrere Schlangen zusammen zu halten.

Temperatur und Luftfeuchtigkeit

Obwohl Riesenschlangen aus den verschiedensten Verbreitungsgebieten rund um den Globus stammen und daher auch unterschiedliche klimatische Anforderungen stellen, gibt es Mittelwerte, bei denen beinahe alle Arten gut gedeihen. Wer es besonders gut machen möchte, besorgt sich die Klimadaten des Herkunftsgebiets der Riesenschlange, die er hält.

Wenn Sie ihr Terrarium gut konzipiert haben, wird darin ein Temperaturgefälle vorhanden sein, das es dem Bewohner ermöglicht, sich dort aufzuhalten, wo es ihm momentan am angenehmsten ist. Grundsätzlich fühlen sich Boas und Pythons tagsüber bei 28 °–30 °C und nachts bei etwa 24 °C am wohlsten.

Bitte beachten Sie: Eine nächtliche Absenkung der Temperatur ist wichtig für die Gesundheit der meisten Riesenschlangen! Das Trink- und Badewasser sollte beim Einlassen leicht (aber wirklich nur leicht) temperiert sein. Circa 22 bis 24 °C sind ideal.

Die meisten Riesenschlangen kommen mit einer Luftfeuchtigkeit von etwa 60% gut zurecht. Wird dieser Wert dauerhaft erheblich unterschritten, dann führt dies zu schlechter Häutung, langsamer Austrockung und schließlich zum Tod des Tiers.

Für Baumpythons, *Chondropython (Morelia) viridis,* und Hundskopfschlinger, *Corallus caninus,* dürften 60 % Luftfeuch-

tigkeit sogar zu wenig sein. Für diese empfehlen wir Werte um 75 bis 80 %.
Leider steigt mit der Luftfeuchtigkeit auch die Anzahl krankheitserregender Bakterien und Pilze im Terrarium, da ein feuchtwarmes Milieu die ideale Brutstätte für pathogene Keime ist. Hier mag der Grund zu suchen sein, warum die Sterberate bei den beiden vorgenannten Arten höher ist, als bei den anderen.

Die Fütterung

Dies ist ein Thema, über das es sich ausführlich zu sprechen lohnt. Zusammen mit der Beschaffenheit des Terrariums ist die Fütterung der zweite Faktor, von dem die Gesundheit Ihres Schützlings maßgeblich abhängt.

Der Freßvorgang

Zunächst wollen wir uns mit der Frage beschäftigen, wie der Freßvorgang vonstatten geht.
Boas und Pythons haben in ihrem Maul mehrere Reihen nadelspitzer Zähne, die nur einem Zweck dienen: Die Beute festzuhalten und am Entkommen zu hindern.
Riesenschlangen sind Lauerer. Sie warten geduldig, bis ein Beutetier den Fehler begeht, sich in ihre Reichweite zu begeben. Dann stoßen sie blitzschnell vor, beißen sich in ihrem Opfer fest und umschlingen es. Mehrere Fak-

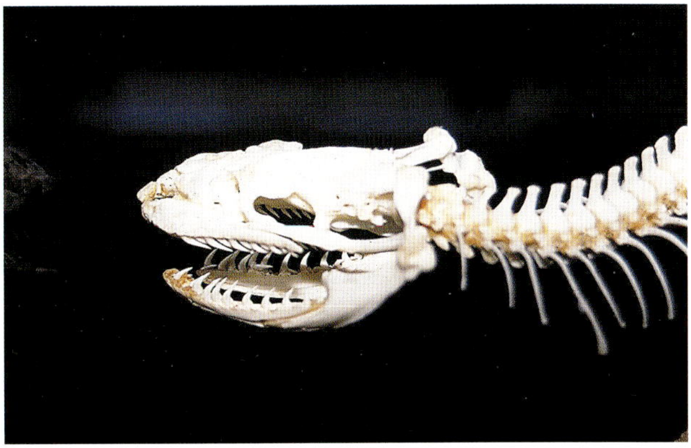

Der Schädel eines Tigerpythons. Deutlich sind die nach hinten gebogenen Zähne zu erkennen, die zum Festhalten der Beute dienen.
Foto: Stöckl

toren machen nun dem Futtertier den Garaus: Der Schock beim plötzlichen Zupacken der Schlange, der immense Druck, der dem Beutetier den Atem nimmt und sich auch verheerend auf das Gefäßsystem auswirkt. Das Ende ist ein qualvoller Erstickungstod, der einhergeht mit weitem Aufreißen des Mauls (nach Luft schnappen), hervortreten der Augen und blau verfärbter Zunge.

Wenn irgend möglich, füttern Sie nicht lebendig! Die meisten gut eingewöhnten Boas und Pythons werden auch frischtote oder aufgetaute Futtertiere annehmen. Auch Nager sind Geschöpfe Gottes, die Angst und Schmerzen empfinden und denen Sie die Qual des langsamen Erstickungstods ersparen sollten. Für diejenigen unter den Lesern, die von Ethik wenig halten, haben wir noch die Info parat, daß so manche Riesenschlange beim Kampf mit der Ratte schon ein Auge verloren hat oder sonst übel zugerichtet wurde.

Doch zurück zum Freßvorgang. Nachdem die Riesenschlange längere Zeit kein Lebenszeichen mehr von dem Beutetier wahrgenommen hat, hakt sie die Zähne aus dem Fell und löst die Umklammerung. Anschließend wird das Beutetier ausgiebig abgezüngelt. Dies dient dazu, die Sekretion der verschiedenen Verdauungssäfte zu aktivieren. Je nach Temperament und Hunger beginnt die Schlange entweder sofort, oder erst nach geraumer Zeit mit dem Verzehr ihrer Beute. Dazu hängt das Reptil seine Kiefergelenke aus und ist so in der Lage, das Maul bis zur Grenze der Dehnungsfähigkeit der Haut zu öffnen.

Die Riesenschlange beginnt dann am Kopf (manchmal auch am Hinterteil), ihr Opfer zu verschlingen, indem sie abwechselnd die beiden Seiten des Mauls immer weiter darüber schiebt. Bei jeder dieser Bewegungen gerät das Futtertier tiefer in den Schlund der Schlange. Bei Erreichen des Ösophagus sorgen peristaltische Bewegungen der Ösophagusmuskulatur für den Weitertransport in den Magen.

Durch das Aushängen der Kiefergelenke sind Riesenschlangen in der Lage, Futtertiere von einer Größe zu verschlingen, bei denen jeder Unbedarfte vorher seinen letzten Euro verwettet hätte, daß sie das Ding nicht hinunterbekommt.

Futtertiere

Die meisten Boas und Pythons akzeptieren Mäuse, Hamster oder Ratten als Futter. Auch Exoten wie Renn-, Vielzitzenmäuse und Degus können Sie anbieten. Es ist bestimmt nicht verkehrt, ab und zu den Speiseplan etwas zu variieren, um seinen Liebling ausgewogen zu ernähren. Größere Exemplare werden mit Meerschweinchen, Hasen oder auch Hühnern und Enten zufriedengestellt. Besonders gut getroffen hatte es ein Netzpython in unserer Gegend, der (bis zu seinem Verkauf an das „Haus der Natur" in Salzburg) mit Lämmern verwöhnt wurde.

Da wir immer wieder von Schlangenhaltern gefragt werden, wie sie denn an gesunde Futtertiere gelangen können, geben wir an dieser Stelle unseren Lieferanten preis:
Frostfuttertierversand für Reptilien
Antje Schwarz,
Delsenbachweg 37, 90524 Nürnberg,
Tel: 0911/6003505, Fax: 0911/6003515
Die gelieferten Futtertiere sind immer in einwandfreien Zustand und lassen durch ihr Äußeres erkennen, daß sie artgerecht gehalten wurden.

Vitamine und Mineralstoffe

Natürlich sind auch für Riesenschlangen Vitamine und Mineralstoffe in ausgewogenem Verhältnis unerläßlich. Nur derjenige, der seine Futtertiere selbst züchtet und diese mit hochwertigster Kost versorgt, hat die Garantie, daß sich bei seinem Reptil keine Mangelerscheinungen einstellen. Dies gilt jedoch nur für die Fütterung mit lebendigen oder frischtoten Nagern, da bei Frostfutter schon ein Teil der Vitamine zerstört wurde.
Wenn Sie Ihre Futtertiere von einem Händler beziehen, müssen Sie davon ausgehen, daß hier kaufmännische Erwägungen im Vordergrund stehen. Sie können sicher sein, daß diese Nager nicht jene hochwertige Kost erhalten, die den Schlangen später einmal zugute kommen würde.
Aus diesem Grund ist eine mäßige, aber regelmäßige Supplementierung mit einem Multivitamin-Mineralstoffpräparat angezeigt. Hier gibt es verschiedene Anbieter. Wir verwenden das Präparat „JBL TerraVit", das über den Zoofachhandel bezogen werden kann.
Pro Fütterung wird –je nach Größe der Schlange – $^1/_2$ bis ein Dosierlöffel dieses Pulvers auf das Fell des Futtertiers gestreut. Sie können dieses Präparat auch in einer Einwegspritze mit Wasser oder Boviserin® auflösen und in ein totes Futtertier injizieren (so praktizieren wir es).
Bei Jungschlangen halten wir $^1/_4$ Dosierlöffel bei jeder zweiten Fütterung für ausreichend.

Futterspezialisten

Immer wieder einmal kommt es vor, daß eine Riesenschlange besonders hartnäckig auf eine bestimmte Futtertiersorte fixiert ist. Eine weibliche *Boa constrictor,* die hartnäckig nur Mäuse

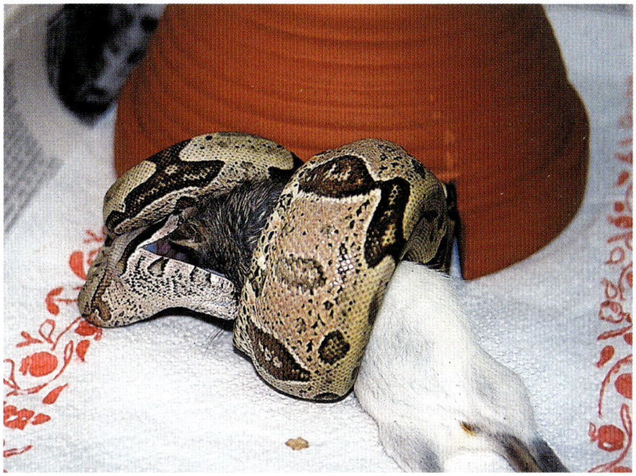

Diese halbwüchsige *Boa constrictor* hat die Futterratte gerade getötet und beginnt nun mit dem Freßvorgang. Gerade beim Füttern empfiehlt sich die Haltung auf Zeitungs- oder Küchenpapier, um zu verhindern, daß Bodengrund mit verschluckt wird. Foto: Stöckl

frißt, wird schwerlich auf die Größe und das Gewicht gebracht werden können, das ein gutes Zuchttier haben sollte. Auch ein „Vogelfresser“, der außer Piepmätzen nichts anderes auf seiner Speisekarte akzeptiert, kann seinen Besitzer zur Verzweiflung bringen. Glücklicherweise gibt es für solche Gourmets Möglichkeiten, sie zu überlisten. Für unseren Mäuseliebhaber wälzen wir eine tote Ratte gründlich an der Stelle, an der im Mäusebehälter die kleinen Nager ihr Geschäft verrichten. Eine derartig parfümierte Ratte wird die Schlange (dumm wie sie ist) für eine besonders wohlgenährte Maus halten. Nach mehreren derartigen Angeboten hat sich das Reptil an den anderen Geschmack gewöhnt und wird klaglos auch unparfümierte Ratten akzeptieren.

Für die Ornithologen unter den Riesenschlangen hat der menschliche Verstand den „Kükenexpress“ als Antwort ersonnen. Ein totes Hühnerküken wird mit einer ebensolchen Ratte mit einem Bindfaden oder Zahnseide zusammengebunden. Den Hals des Nagers schnüren Sie an den Beinen des Kükens fest. Das sollte gründlich geschehen, damit sich beim Freßvorgang die Knoten nicht lösen oder die Verbindung auf andere Weise gekappt wird.

Wer Bedenken hat, daß Bindfaden oder Zahnseide im Körper der Schlange Unheil anrichten könnten (was wir nicht glauben), besorgt sich bei einer chirurgischen Tagespraxis resorbierbares Nahtmaterial.

Mit so einem Faden, der sich nach einigen Wochen selbständig auflöst, nähen Sie dann einfach die Schnauze der Ratte an das Hinterteil des Kükens. Frißt Ihr Vogelliebhaber dann das Küken, kann er wenig dagegen machen, daß die Ratte auch mit runterrutscht. Nach einer Weile wird Ihr Tierchen schließlich willig an Ratten gehen, ohne daß vorne ein Küken dranhängt.

Zu solchen Tricks können Sie auch bei Riesenschlangen geifen, die immer nur ein Futtertier verschlingen, obwohl sie mehr nötig hätten. Hier binden (oder nähen) Sie einfach zwei Ratten zusammen. Mißbrauchen Sie diese Methode aber keinesfalls zur Mast!

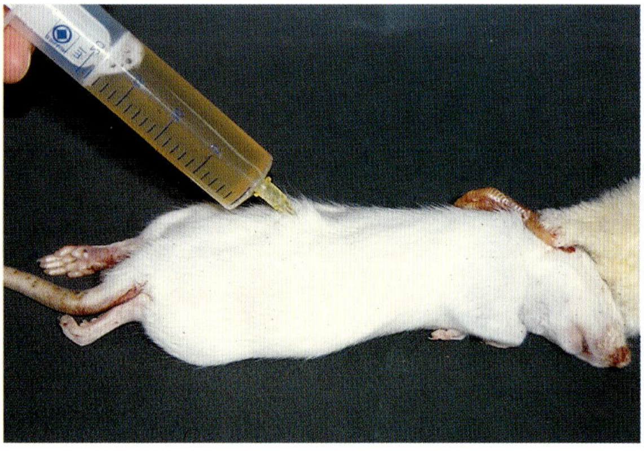

Vitamine oder Medikamente lassen sich einer Riesenschlange am schonendsten verabreichen, wenn sie in einer Einwegspritze aufgelöst in das Futtertier injiziert werden. Auf diesem Bild sind ein Eintagsküken und eine Ratte mit chirurgischen Nahtmaterial zusammengebunden worden. Auf diese Weise können Riesenschlangen, die auf Geflügel stehen, im Laufe der Zeit auf Nager „umgewöhnt“ werden. Foto: Stöckl

Wie oft soll ich meine Schlange füttern?

Bedenken Sie bei Ihrer „Fütterungspolitik", daß übergewichtige Schlangen wesentlich krankheitsanfälliger sind als normal- oder etwas untergewichtige. Hemmungsloses „Powern" beim Füttern führt zu einer Fettleber und schließlich zum Tod des Tiers!

Grundsätzlich sollten neugeborene Schlangen erst wieder etwas erhalten, wenn sie das vorhergehende Futtertier abgekotet haben. Bei großen Arten wie Netz-, Tiger-, Felsenpython oder Anakonda können Sie dann nach einigen Monaten wöchentlich füttern, bei mittelgroßen und kleineren Arten alle zehn bis 14 Tage.

Schon an der kräftigen Körperform läßt sich erkennen, daß es sich hier um ein Weibchen handelt. Obwohl dunkler als das Männchen, ist es doch ein sehr hübsches und beeindruckendes Tier.

Diese sehr helle Rotschwanzboamännchen aus Surinam dokumentiert die große Bandbreite in der Grundfärbung von *Boa c. constrictor* aus diesem Verbreitungsgebiet. Fast allen gemeinsam ist jedoch der schöne, kirschrote Schwanz. Fotos: Stöckl

In den ersten drei Lebensjahren findet nach unserer Erfahrung das größte Längenwachstum statt. Wenn Sie Wert darauf legen, daß Ihr Tier so groß wie möglich wird, sollten Sie in dieser Zeit das vorher angegebene Fütterungsintervall noch etwas verkürzen. Wenn Sie merken, daß Ihre Boa oder der Python das dargebotene Futter mehr in Breiten- als in Längenwachstum umsetzt (sprich: das Tier wird fett), muß die Notbremse rein. Dann gilt: Adulte weibliche Tiere alle 14 Tage bis drei Wochen und adulte männliche Tiere alle drei bis fünf Wochen füttern.

Noch etwas: Vermeiden Sie es, zu große Futtertiere anzubieten. Lieber etwas häufiger, und dafür kleiner füttern.

Python molurus bivittatus bei der Häutung. Wenn die Haltungsbedingungen in Ordnung sind, wird die Haut in einem Stück abgestreift. Foto: Gürtner

Ausscheidungen

Da sich die Ausscheidungen von Riesenschlangen teilweise von jenen der Säugetiere unterscheiden, wollen wir auch dieses Thema behandeln. Knapp eine Woche nach der Fütterung scheiden Riesenschlangen zusammen mit dem Urin Harnstein aus.

Tage, manchmal auch Wochen später erfolgt dann die Abgabe von Kot, der jenem des Menschen nicht unähnlich ist. Der Kotballen sollte geformt und nicht allzu übelriechend sein (Maiglöckchenduft dürfen Sie nicht erwarten). Bei der Verfütterung von Federvieh müssen Sie allerdings damit rechnen, daß die Exkremente breiig ausfallen und fürchterlich stinken. Dies hat aber keine Bedeutung, sondern liegt einfach an der Tatsache, daß Federn verdaut wurden. Die Frage, in welcher Zeitspanne nach der Fütterung Riesenschlangen abkoten, läßt sich nicht pauschal beantworten. Insbesondere große Exemplare lassen sich oft Wochen Zeit, bis sie das Futtertier in verdauter Form wieder ausscheiden.

Die Häutung

Es war einmal ein besorgter Anfänger, der ging mit seinem Python zum Tierarzt, weil die Augen des Reptils milchiggrau schimmerten und die Farbe des Schuppenkleids verblaßt war. Zudem zeigte sich das arme Tier völlig apathisch und kroch nicht mehr, wie sonst üblich, in seinem Gehege herum.
Der etwas überforderte Veterinär gab dem Python eine Vitaminspritze, sagte man müsse jetzt mal abwarten und war froh, als Schlange und Herrchen wieder draußen waren.
Ein Märchen? Nein, tatsächlich passiert. Wir wissen natürlich, was dem Tier fehlte: Es war in der Häutung. Diesen bei Schlangen völlig natürlichen Vorgang wollen wir jetzt ein wenig unter die Lupe nehmen.

Auslöser und Erkennungsmerkmale der Häutung

Der Wachstumsprozeß bei Riesenschlangen ist erst mit deren Tod abgeschlossen. Am schnellsten wachsen sie in den ersten drei, vier Jahren, danach nur noch langsam. Das Schuppenkleid von Boas und Pythons ist im Gegensatz zur Haut von Säugetieren vom Wachstumsprozeß ausgeschlossen. Deshalb muß es von Zeit zu Zeit ersetzt werden. Dabei bildet sich unter der äußeren Hautschicht des Reptils eine neue, um die zu klein gewordene zu ersetzen.
Zwischen diesen Schichten sammelt sich Körperflüssigkeit, die das reibungslose Abstreifen der alten Haut gewährleistet. Dieser Flüssigkeitsfilm ist es auch, der die Trübung der Augen bewirkt und die Farben des Schuppenkleids verblassen läßt.

In dieser Zeit sind Riesenschlangen ruhebedürftig und sollten nicht gestört werden. In der Regel gehen sie auch nicht mehr ans Futter. Kurz vor der Häutung wird der größte Teil der Flüssigkeit resorbiert und die Schlange wirkt fast so farbenprächtig wie immer. Dies ist ein untrügliches Zeichen, das sich das Tier bald häutet.

Wie häutet sich die Riesenschlange?

Ist der richtige Zeitpunkt gekommen, um die alte Haut abzustreifen, sucht sich die Riesenschlange einen rauhen Gegenstand im Terrarium und reibt ihre Schnauze solange daran, bis die alte Haut an Unterlippe und Nase aufplatzt.
Jetzt sorgt das Tier durch geschicktes Reiben an Ästen, Steinen oder anderen geeigneten Objekten im Terrarium dafür, daß es aus dem zu klein gewordenen Schuppenkleid herauskriechen kann.
Bei einer perfekten Häutung sieht die abgelegte Haut aus wie ein zusammengeschobener Damenstrumpf (na ja, so ähnlich). Kloakenöffnung und Augenschilder sind einwandfrei zu erkennen.

Probleme bei der Häutung

Bei zu trockener Haltung, Hautverletzungen, Krankheit des Tiers oder Füt-

Diese knallgelbe Schlange ist ein junger Baumpython. Man möchte fast ein wenig bedauern, daß diese Farbe nicht so bleibt. Am Ende des ersten Lebensjahrs wird dieses Kerlchen das Auge des Betrachters in einem satten Smaragdgrün erfreuen. Wer weiß, vielleicht haben wir sogar eines der seltenen blauen Exemplare vor uns...
Foto: Stöckl

ACHTUNG: Bieten Sie nie Futter an, wenn Ihre Schlange in der Häutung ist! Die durch den Verdauungsprozeß gebundene Flüssigkeitsmenge fehlt zwischen den Hautschichten und führt dazu, daß sich das Tier schlecht, oder schlimmstenfalls gar nicht häutet.

terung während der Häutungsphase kann es vorkommen, daß sich das Tier in Fetzen, oder was noch schlimmer ist, gar nicht häutet.

Problemzonen sind meist die Augenschilder, der Rückenbereich, Kloake und Schwanzspitze.

Häutungsreste müssen unbedingt entfernt werden, weil diese zu Durchblutungsstörungen sowie Pilz- und Bakterienbefall im betroffenen Bereich führen können. Auch hat so manche Riesenschlange schon ihre Schwanzspitze verloren, weil der unachtsame Besitzer nicht erkannte, daß diese schon zum wiederholten Mal nicht mitgehäutet wurde. Die Unterbrechung der Blutversorgung sorgt hier für das Absterben des Gewebes.

Auch der Hemipenis, der teilweise mitgehäutet wird, kann auf diese Weise irreparabel geschädigt werden. Ist dies geschehen, haben Sie ein unfruchtbares Tier.

Erste Hilfe bei schlechter Häutung

Sie sollten sich unbedingt die Zeit nehmen, Ihre Boa oder den Python nach der Häutung zu untersuchen, ob diese vollständig erfolgt ist. So manches Unglück wäre den Tieren erspart geblieben, wenn jeder nach dieser Methode verfahren würde.

Bei schlechter Häutung sind als erstes die Haltungsbedingungen hinsichtlich der Luftfeuchtigkeit zu überprüfen. Dauerhafte Werte unter 60 % (bei Baumpythons und Hundskopfschlingern etwa 75 %) schaden den Tieren und führen im Laufe der Zeit zur Exsikkose (Austrocknung).

Ein Riesenschlange, die sich schlecht gehäutet hat ist zunächst einmal ausgiebig (bis zu einem halben Tag) in handwarmen Wasser zu baden. Mit ein bißchen Glück lösen sich hier schon die meisten Häutungsreste ab. Je früher das Bad nach der schlechten Häutung erfolgt, um so besser sind die Chancen, daß es damit getan ist. Um zu verhindern, daß das Tier aus dem Badebecken vorzeitig entweicht, muß das Becken

mit einem Gitterrahmen abgedeckt werden.
Häutungsreste, die sich im Wasserbad nicht selbständig gelöst haben, werden nachher mit der Hand oder einer Pinzette abgezupft. Besondere Vorsicht ist hier bei den Augenschildern geboten. In diesem Bereich sollten Sie nur tätig werden, wenn Sie sich das wirklich zutrauen. Ansonsten ist es besser, sich an einen Tierarzt oder erfahrenen Schlangenhalter zu wenden. Oft kann nicht beurteilt werden, ob sich noch Häutungsreste über den Augenschildern befinden. Hier gilt: Im Zweifelsfall die nächste Häutung abwarten!
So manche Riesenschlange hat schon ein Auge verloren, weil der übereifrige Besitzer in dem Glauben, daß da vielleicht noch eine alte Hautschicht drüber ist, das Augenschild zerstörte.
Bei stark ausgetrockneten Schlangen sollten schon zu Beginn der Häutungsphase tägliche Injektionen mit Kochsalz- oder Ringerlösung unter die Haut erfolgen. Dabei kann eine Flüssigkeitsmenge verabreicht werden, die bis zu 4 % des Körpergewichts der Schlange entspricht. Bei einer 1 kg schweren Schlange wären das 40 ml. Dieser Wert stellt natürlich die oberste Grenze dar. In der Regel wird eine Injektion mit einer Flüssigkeitsmenge von 1 % vollauf genügen. Auch hier sei darauf hingewiesen, daß das Verabreichen von Injektionen Sache des Tierarztes ist und vom Schlangenhalter nur durchgeführt werden soll, wenn er genügend Erfahrung darin hat.

Gelegentlich kommt es vor, daß ein Tier zwangsgebadet werden muß. Das ist beispielsweise bei schlechter Häutung der Fall. Ein Gitterrahmen als Abdekkung, damit die Schlange das Bad nicht verlassen kann, leistet hier beste Dienste.
Foto: Stöckl

Vom direkten Besprühen der Schlange mit warmem Wasser, wie es viele praktizieren, raten wir ab. Ich mußte die Erfahrung machen, daß manche Tiere trotz hoher Temperatur im Terrarium davon eine Erkältung bekamen.

Ausreißer

Zum Schluß des Kapitels über Haltung und Pflege wollen wir uns noch einem etwas heiklen Thema zuwenden.
Jeder, der über Jahre hinweg Schlangen hält, lügt sich in die Tasche, wenn er behauptet, ihm wäre noch nie eine aus dem Terrarium entwichen. Meist geschieht dies, wenn nach dem Füttern oder Saubermachen vergessen wird, die Frontscheiben wieder zu schließen.
Was ist nun in so einem Fall zu tun?
Zuerst gilt es, einen kühlen Kopf zu bewahren, die Frau furchtbar zu schimpfen, weil sie (wie immer) schuld ist und das Terrarium nochmals genauestens zu untersuchen. Selbst in einem relativ kleinen Terrarium gibt es oft noch Verstecke, die bisher übersehen wurden.

Hier eine *Boa c. ortonii* in einem Alter von etwa einem halben Jahr.
Foto: Stöckl

Ein Tip: Sehen Sie an der Decke des Terrariums nach, denn auch dort finden sich für die Schlange Möglichkeit sich einzuzwängen oder festzuhalten.

Kein Reptil gefunden? Dann ist als nächstes die unmittelbare Umgebung des Terrariums zu untersuchen. Liegt das Tier darunter, darauf oder dahinter. Nein? Okay, dann gehts weiter. Riesenschlangen verkriechen sich. Sehen Sie unter, auf und hinter jeden Möbelstück im Zimmer nach, erforschen Sie jeden Spalt und jede Lücke, auch das Innere der Polstergarnitur. Versuchen Sie, geistig den Weg des Tieres nachzuvollziehen. Wohin könnte es gekrochen sein? Führt das alles nicht zum Erfolg, bleibt nur noch die Möglichkeit, nachts, wenn das Tier aktiv ist, immer wieder mal nachzusehen. Auch ein Köder in Form eines toten Futtertiers kann hilfreich sein.

Hier noch einige nützliche Ratschläge:

- Die Türe zum Terrarienzimmer sollte nie offen stehen. So kann der Ausreißer den Raum nicht verlassen.
- Wenn Sie ein spezielles Schlangenzimmer haben, sollten Sie es so konzipieren, daß es dem Tier nicht möglich ist, sich unter oder hinter einem Terrarium zu verkriechen.
- Prüfen Sie nach den täglichen Reinigungsarbeiten immer, ob noch alle Tiere in ihren Behältnissen sind, bevor sie die Terrarien wieder verschließen.
- Glauben Sie nie, daß ein Spalt oder eine Lücke zu eng für die entwichene Schlange sein muß und sie deshalb diesen oder jenen Weg auf gar keinen Fall genommen haben kann. Sie täuschen sich!

Viele Schlangenhalter haben den Wunsch, ihr exotisches Haustier auch einmal zur Fortpflanzung zu bringen. Wir haben die Erfahrung gemacht, daß die meisten Leute, die bei uns Boababys erwerben, sich ein Pärchen anschaffen, um damit in einigen Jahren selbst zu züchten.
Dies ist auch wünschenswert, weil damit ein Gegengewicht zur hemmungslosen Entnahme der Tiere aus der Natur geschaffen wird. Bevor wir jetzt Punkt für Punkt die wichtigsten Voraussetzungen für eine erfolgreiche Verpaarung behandeln, bitten wir um Verständnis, daß es der Umfang dieses Buchs nicht erlaubt, detailliert auf die Zuchtdaten jeder einzelnen Art einzugehen. Hier darf auf das im bede-Verlag erschienene Buch „Riesenschlangen – Zucht und Pflege" von Dr. Richard ROSS & Gerald MARZEK verwiesen werden.

Bestimmung der Geschlechter

Natürlich ist die wichtigste Voraussetzung für eine erfolgreiche Nachzucht, (mindestens) ein männliches und ein weibliches Exemplar derselben Art zu besitzen.
Das ist nicht immer selbstverständlich. So mancher Schlangenhalter hat in späteren Jahren schon feststellen müssen, daß ihm beim Kauf eines Pärchens Boas oder Pythons zwei Tiere desselben Geschlechts untergejubelt wurden. Dies kann aus Unerfahrenheit oder Unfähigkeit seitens des Veräußerers geschehen, aber auch aus Absicht.
Deshalb raten wir dazu, beim Kauf der Tiere das Geschlecht immer selbst zu bestimmen, oder es von einem Dritten (sachkundigen Schlangenhalter) bestimmen zu lassen.
Die einzige Methode, bei Jungtieren zweifelsfrei festzustellen, ob es sich um ein Männchen oder Weibchen handelt, ist das Sondieren. Dies geschieht mittels einer metallenen Knopfsonde, die im Fachhandel in verschiedenen Größen erhältlich ist.
Bei der Geschlechtsbestimmung wird eine der Größe des Tiers angemessene und vorher mit Vaseline gleitfähig gemachte Sonde am linken oder rechten Rand der Kloake eingeführt und anschließend mit sanftem (!) Druck in Richtung Schwanzspitze geschoben.
Dabei dringt die Sonde in die Hemipenistasche des Männchens oder die Moschusdrüse des Weibchens ein. Je nach

Die Nachzucht von Diamantpythons unter menschlicher Obhut ist ein seltenes Ereignis. Man kann dem Züchter zu diesem Erfolg nur gratulieren. Foto: Stöckl

Beim Einführen der Sonde ist allergrößte Vorsicht geboten, um das Tier nicht zu verletzen. Diese Art der Geschlechtsbestimmung sollte nur von erfahrenen Schlangenhaltern durchgeführt werden.

Die Sonde ist nur wenige subcaudale Schuppen weit in Richtung Schwanzspitze vorgedrungen. Dies bedeutet, daß wir hier ein Weibchen vor uns haben.

Bei dieser Sondierungstiefe gibt es nicht den Hauch eines Zweifels: Ein Männchen. Fotos: Stöckl

Art der Riesenschlange ist bei den Weibchen der Weg der Sonde nach zwei bis fünf und bei den Männchen nach sechs bis 15 subcaudalen Schuppen (das sind die Schuppen nach der Kloake Richtung Schwanzspitze) zu Ende. Um dies „auszumessen" legen Sie Ihren Zeigefinger, nachdem die Sonde vollständig eingeführt wurde, an jener Stelle an, an der sie in die Kloake eindringt. Anschließend ziehen Sie die Sonde heraus, legen sie außen (mit dem Fingernagel des Zeigefingers am Ende der Kloake) an die Unterseite des Schwanzes und zählen die subcaudalen Schuppen.

In dem vorher erwähnten Werk von ROSS & MARZEK befindet sich auf Seite 39 ein umfangreiches Verzeichnis über die Eindringtiefen bei den verschiedenen Arten von Boas und Pythons.

Eine weitere Methode, bei Jungschlangen das Geschlecht zu bestimmen, ist das Abtasten des Schwanzes. Dies geschieht, indem der Zeigefinger von der Kloake beginnend mit sanftem Druck in Richtung Schwanzspitze streicht. An der Oberseite des Schwanzes übt der Daumen sanften Gegendruck aus. Handelt es sich bei dem Tier um ein männliches Exemplar, ist beim Entlangstreichen kurz hintereinander ein leichtes, zweimaliges „knuspeln" zu spüren. Dies geschieht durch den Hemipenis, der unter dem Druck des Zeigefingers leicht verschoben wird.

Diese Art der Geschlechtsbestimmung funktioniert bei den meisten Boas und Pythons. Allerdings ist sie auch mit Fehlern behaftet. Spannt ein Mänchen die Muskulatur im Schwanzbereich an, kann das „knuspeln" ausbleiben und das Tier wird irrtümlich für ein Weibchen gehalten.

Bei einer adulten Schlange ist es aufgrund des erhöhten Ansatzes von Fettgewebe und Muskulatur im Schwanzbereich nicht mehr möglich, mit dieser Methode zum Erfolg zu kommen. Hier geben bei vielen Arten die Aftersporne einen wichtigen Hinweis auf das Geschlecht. Sie sind bei den Männchen wesentlich stärker ausgeprägt.

Geschlechtsreife

Der Eintritt der Fortpflanzungsfähigkeit bei Boas und Pythons ist von Alter und Größe der Tiere abhängig.

Bei normaler Fütterung erreichen die meisten Riesenschlangen mit vier bis fünf Jahren die Geschlechtsreife. Bestimmte Arten, wie *Python molurus* oder *Boa constrictor* sind sogar schon mit dreijährigen Elterntieren nachgezüchtet worden. Dies ist jedoch nur durch eine intensive Fütterung zu erreichen, die den Tieren schadet.

In der Regel sind die Männchen ein Jahr früher geschlechtsreif als die Weibchen. Die zukünftigen Schlangenmütter dürfen ruhig etwas übergewichtig sein, damit sie genügend Substanz haben, um die Trächtigkeit, die oft mit Nahrungsverweigerung, zumindest aber mit der Reduzierung der Nahrungsaufnahme einhergeht, gut zu überstehen. Schlangenmännchen sollten hingegen immer zurückhaltend gefüttert werden. Die Erfahrung hat gezeigt, daß übergewichtige „Böcke" weniger Neigung verspüren, sich in der Paarungszeit dem weiblichen Geschlecht zuzuwenden.

Separieren der Geschlechter

Bei bestimmten Arten hat es sich als nützlich erwiesen, außerhalb der Paarungszeit Männchen und Weibchen einzeln zu setzen, weil dies das sexuelle Interesse steigern kann.

Gelegentlich aber wird von erfolgreichen Paarungen bei Tieren berichtet, die während des ganzen Jahrs zusammen sind. Insbesondere bei einem Zuchtpaar, das schon mehrmals miteinander Junge hatte, ist eine Trennung nach Geschlechter oft nicht nötig.

Einhalten einer Winterruhe

Obwohl in Teilen der Fachliteratur zu lesen steht, daß Temperaturzyklen für den Auf- und Abbau des Keimepithels im Hoden und die Spermatogenese bei Reptilien notwendig sind, gibt es genügend Zuchterfolge, die ohne zyklische Veränderung der Haltungstemperatur zustande kamen.

Deshalb ist es nach wie vor ein vieldiskutiertes Thema bei Züchtern und Haltern von Riesenschlangen, ob das Einhalten einer sogenannten „Winterruhe" für die Gesundheit der Tiere und als Paarungsauslöser notwendig ist. Im Idealfall besorgt sich der Schlangenhalter die Klimadaten des Herkunftsgebiets seiner Boa oder des Pythons und versucht, diese in der Gefangenschaftshaltung zu simulieren.

Sind exakte Klimadaten nicht verfügbar, so ist eine schrittweise Absenkung der Haltungstemperatur um 2 bis 3 ° C

Kopfstudie von *Boa constrictor amarali*. Der langgezogene, edel aussehende Kopf ist für diese Unterart typisch. Foto: Stöckl

und eine Verkürzung der Tageslichtdauer um einige Stunden während der Monate November und Dezember sicherlich nicht verkehrt. Schon zu Beginn dieser sogenannten „Winterruhe“ sollten Sie jene Schlangen, die verpaart werden sollen, zusammen unterbringen, denn die Temperaturabsenkung kann bereits ein Auslöser für die Paarungslust des Männchens sein.

Achtung:

Verzichten Sie bitte während der Winterruhe darauf, Ihre Schlangen zu füttern, da der Verdauungsprozeß durch die etwas geringere Haltungstemperatur beeinträchtigt werden kann.

Paarungszeit

Die meisten Boas und Pythons zeigen bei der Paarung, Eiablage oder Geburt der Jungen ein saisonales Verhalten, das heißt sexuelles Interesse und Fruchtbarkeit sind an eine bestimmte Jahreszeit gebunden.

Bei den meisten der hierzulande gehaltenen Riesenschlangen findet die Paarungszeit von September bis März und die Geburt der Jungen in den Sommermonaten statt.

Die Experten unter den Lesern mögen uns diese grob vereinfachte Darstellung vergeben, aber wie eingangs schon erwähnt, würde es den Umfang dieses Buchs sprengen, die exakten Zuchtdaten für jede einzelne Art anzugeben. Deshalb sei nochmals auf das im bede-Verlag erschienene Buch „Riesenschlangen – Zucht und Pflege“ von Dr. Richard ROSS & Gerald MARZEK hingewiesen.

Zusammenführen eines Zuchtpaars oder einer Zuchtgruppe

Schon zum Beginn der „Winterruhe“ (falls Sie eine durchführen) sollten die zu verpaarenden Schlangen vergesellschaftet werden. Es ist eine vieldiskutierte Frage, ob das Männchen zum Weibchen soll oder umgekehrt.

Fakt ist, daß ein guter Zuchtbock sowohl in seinem eigenen Terrarium als auch in dem des Weibchens schon nach kurzer Zeit zur Sache kommt. Ein weniger guter wird allerdings nach einem Ortswechsel mit Paarungsunlust rea-

gieren. Dann können Sie die Sache sofort vergessen. Deshalb ist es wohl wirklich besser, das Weibchen zum Männchen zu setzen.
Von Vorteil für das Zustandekommen einer Paarung bei schwer nachzuzüchtenden Arten ist es auch, mehrere Männchen auf ein Weibchen anzusetzen. Wir konnten gelegentlich beobachten, daß bei *Boa c. constrictor* das Weibchen den paarungshungrigen Bock erst erhörte, als wir ein zweites Männchen hinzugaben. Es wird auch beschrieben, daß ein zweites Männchen oftmals einen paarungsunlustigen Bock zur Aktivität anstachelt (siehe auch „Kommentkämpfe" im folgenden Abschnitt). Beim Kauf einer Riesenschlangenart, die sich nicht so leicht nachzüchten läßt, sind deshalb zwei Männchen und ein Weibchen eine bessere Wahl als zwei Weibchen und ein Männchen.

Werbungsverhalten und Paarung

Jeder Halter von Riesenschlangen sollte das Werbungsverhalten seiner Tiere als solches erkennen, um unter Umständen entsprechend darauf reagieren zu können. Es kann beispielsweise notwendig sein, ein untergewichtiges Weibchen, für das eine Trächtigkeit gesundheitsgefährdend wäre, oder ein rangniedriges Männchen, das unter Umständen vom dominanten Bock verletzt werden könnte, aus dem Terrarium zu nehmen.
Wie erkennt der Schlangenhalter nun, ob sich seine Boas oder Pythons in Paarungsstimmung befinden? Sind mehrere geschlechtsreife Männchen in einem Terrarium, kann es zu sogenannten Kommentkämpfen kommen. Die beiden Rivalen umschlingen sich, versuchen einander wegzudrücken und kratzen sich mit den Aftersporne. Oftmals löst diese Konkurrenz die Paarungsbereitschaft bei einem vorher völlig desinteressierten Männchen aus.
Es ist allerdings dringend anzuraten, solche Aktivitäten sorgfältig zu beobachten und das unterlegene Tier beizeiten aus dem Gehege zu nehmen, damit es nicht verletzt wird. In der Re-

Das Ergebnis einer erfolgreichen Paarung: In einigen Jahren wird dieses Womababy nicht mehr auf der Hand Platz haben, da *Aspidites ramsayi* über drei Meter Länge erreichen kann. Foto: Stöckl

Kopulation von *Boa c. ortonii.*
Je nach Art und Temperament der Tiere kann diese wenige Minuten oder auch stundenlang dauern. Auch die Häufigkeit ist sehr unterschiedlich
Foto: Stöckl

um „jagt". Während das Weibchen langsam vorwärts kriecht, folgt ihr der Bock und bezüngelt ihren Körper. Dabei versucht er, über sie zu gelangen und seinen Körper nach dem ihren auszurichten, um mit seinem Hemipenis in ihre Kloakenöffnung zu gelangen.
Auch die Stimulation des Weibchens mit Hilfe der Aftersporne wird häufig beobachtet.
Hat das Männchen eine für ihn günstige Position erreicht, umklammert es mit seinem Schwanz den des Weibchens und versucht, die Kloakenöffnungen zusammenzubringen.
Ist das Weibchen dann paarungsbereit, so hebt sie ihren Schwanz und öffnet die Kloake, damit der Hemipenis des Männchens eindringen kann. Beim Hemipenis handelt es sich um ein y-förmiges Gebilde, von dem aber immer nur ein Teil eingeführt wird, der zweite Ausläufer verbleibt in der Hemipenistasche.

gel wird sich der siegreiche Bock erst dann dem Weibchen zuwenden.
Charakteristisch für das sexuelle Interesse des Männchens ist es auch, wenn er seine Angebetete durch das Terrari-

Je nach Art und Temperament der Tiere kann die Kopulation wenige Minuten bis stundenlang dauern. Auch in der Häufigkeit gibt es große Unterschiede. Manche Arten und Exemplare paaren sich nur wenige Male während der Paarungszeit, andere scheinen gar nichts anderes mehr zu machen.

Fütterung in der Paarungszeit

Grundsätzlich sollten Sie zwar auch in der Paarungszeit ab und zu etwas anbieten, aber nicht so häufig und nicht so große Futtertiere wie sonst. Ein Riesenschlangenweibchen, das an einen Zwerghasen hinverdaut, wird wenig Lust zur Kopulation verspüren, ganz zu schweigen von einem vollgefressenen Bock.
Im Übrigen brauchen Sie sich keine Gedanken zu machen, wenn die Männchen während der Paarungszeit das Futter verweigern oder nur noch sporadisch fressen, das ist völlig normal.

Wann trenne ich die Tiere wieder?

Zum Ende der Paarungszeit sollen Männchen und Weibchen, so es die Platzverhältnisse erlauben, wieder getrennt werden. Hat also schon längere Zeit keine Paarung mehr stattgefunden, so heißt es raus mit dem Bock.
Auch wenn das Weibchen erkennbar trächtig ist und durch die Nachstellungen des Männchens permanent gestreßt wird, muß es einzeln gesetzt werden.

Anzeichen der Trächtigkeit

So mancher Halter von Boas oder Pythons ist beim allmorgendlichen Blick ins Terrarium schon einmal von einem Wurf junger Riesenschlangen oder einem Gelege überrascht worden. Dann bricht natürlich Hektik aus. Um dies zu vermeiden, wollen wir uns der Frage widmen, woran eine trächtige Riesenschlange zu erkennen ist.
Natürlich geht die Trächtigkeit mit einer Umfangvergrößerung einher. Diese kann bei manchen Tieren so massiv ausfallen, daß aufgrund der Dehnung des Leibs das Weiße zwischen den Schuppen zu erkennen ist. Sind es jedoch nur wenig Junge, wird nur ein erfahrener Schlangenhalter die Veränderung bemerken.
Ein weiteres Indiz ist die Futterverweigerung. Frißt ein gesundes Weibchen nichts mehr oder kaum noch, sollten Sie die Möglichkeit einer Schwangerschaft in Betracht ziehen.
Trächtige Weibchen ändern ihr Verhalten. Sie suchen die Wärme, sind inaktiver und ziehen sich gerne zurück. Häufig ist auch zu beobachten, daß schwangere Riesenschlangen die Bauchseite nach oben drehen. Auch weisen sie während der Trächtigkeit in der Regel eine etwas dunklere Färbung auf. Auf diese Weise ist es der werdenden Schlangenmutter möglich, mehr Wäme aus dem Sonnenlicht aufzunehmen.

Einer der wenigen Züchter von *Boa constrictor longicauda* in den USA verlor vor kurzem seinen ganzen Tierbestand aufgrund eines Unglücksfalles mit Pestiziden. Eine Tragödie für den Halter und die Tiere, aber auch für die Interessenten an Nachzuchten dieser exotischen Boa mit dem „Kriegsbemalungsmuster". Foto: Stöckl

Fütterung während der Trächtigkeit

Auch wenn Ihre Riesenschlange trächtig ist und das Futter verweigert, so sollten Sie ihr regelmäßig etwas anbieten, denn zwischendurch hat sie vielleicht doch einmal Appetit.

Verzichten Sie jedoch darauf, lebendig und zu groß zu füttern. Das schwangere Weibchen ist jetzt sicher nicht in der Form, mit Monsterratten zu kämpfen und diese Riesenbrocken anschließend zu verdauen. Bieten Sie regelmäßig etwas kleines (und daher leicht verdauliches) an; die Mutter und später auch die Jungen werden es Ihnen danken.

Eierlegende und lebendgebärende Riesenschlangen

Nach der Befruchtung beginnt im Ei der Prozeß der Zellteilung. Aus der Keimscheibe, die aus drei Keimblättern besteht, entwickeln sich die Organe sowie der mit Eigelb gefüllte Dottersack. Der Keimling ist mit einer Nabelschnur mit dem Dottersack verbunden und wird von diesem ernährt. Im Gegensatz zu Säugetieren ist also das Schlangenbaby vom Stoffwechsel der Mutter unabhängig.

Das von mehreren Hautschichten umgebene Schlangenei wird bei eierlegenden Arten kurz vor der Eiablage im Eileiter von speziellen Drüsen mit einer stabilen Schale versehen. Dies geschieht bei den lebendgebärenden

Boas nicht. Hier wird nur eine Membranhaut gebildet.

Während bei den ovoviviparen („lebendgebärenden") Boas der gesamte Reifeprozeß im Leib der Mutter vollzogen wird, legen Pythons nach einer Vorreifezeit von etwa drei Monaten ihre Eier ab. Die weitere Entwicklung des werdenden Lebens vollzieht sich hier außerhalb des Mutterleibs.

Eiablage

Trächtige Riesenschlangen sind einzeln zu halten, um Streß für das Tier zu vermeiden. In den letzten Tagen vor der Eiablage wird das gravide Weibchen zunehmend unruhiger und sucht nach einem geeigneten Platz, um ihre Eier abzulegen.
Wird die Schlange dabei nicht fündig, kann dies dazu führen, daß sie ihre Eier an ungünstiger Stelle plaziert (z. B. im Wasserbecken). Baumbewohnende Schlangen neigen dazu, sie vom Ast fallen zu lassen.
Um solches zu vermeiden, bieten Sie am besten eine Schlupfbox an. Das ist ein Behältnis, das groß genug ist, die Schlange aufzunehmen und ihr darin die Eiablage zu ermöglichen. Das gravide Tier wird die Schlupfbox gerne annehmen und kann dort ohne Streß und in Ruhe ihre Eier ablegen.
Wichtig ist es auch, die Schlupfbox mit einem Substrat zu füllen, das eine genügend hohe Luftfeuchtigkeit garantiert, um das Austrocknen der abgelegten Eier zu verhindern. Sehr gut geeignet ist hierfür *Sphagnum*-Moos, das im Reptilien Fachhandel oder in Gärtnereien bezogen werden kann. Das Moos soll so durchfeuchtet sein, daß es beim Zusammendrücken in der Hand leicht tröpfelt.

Ausbrüten der Eier

Pythons betreiben eine intensive Brutpflege. Sie schieben das Gelege zusammen, wickeln sich darum und verteidigen es gegen Feinde. Einige Pythonarten wie *Python molurus* sorgen durch Muskelkontraktionen beim Bebrüten dafür, daß sich das Gelege um bis zu

7 °C über die Umgebungstemperatur erwärmt. Auch wurde schon beobachtet, daß Pythonweibchen bemüht waren, ihre Eier vor dem Austrocknen zu schützen, indem sie sich immer wieder in das Wasserbecken begaben und anschließend das Gelege benetzten.
Da aber die klimatischen Bedingungen im Terrarium nur selten optimal für die Eier sind, ist es meist besser, der Schlange das Gelege wegzunehmen und in einen Brutapparat zu geben. Dieser garantiert eine konstante Temperatur und bewahrt die Eier vor dem Austrocknen. Als Brutsubstrat eignet sich am besten *Sphagnum*-Moos.
Es besteht natürlich auch die Möglichkeit, die Schlange samt dem Gelege in den Brutapparat zu geben, wenn dieser groß genug ist. Ein heißer Tip sind die von Kinderkrankenhäusern ausrangierten Babyinkubatoren. Sie eignen sich hervorragend zum Ausbrüten von Pythoneiern.
Von unserer Empfehlung, die Mutter vom Gelege zu trennen, nehmen wir die

Ein Tigerpythonweibchen auf ihrem Gelege, das sie mit Vehemenz gegen jeden Störer verteidigen wird. Deshalb ist es besser, ihr das Ausbrüten der Eier selbst zu überlassen. Übrigens handelt es sich bei dem abgebildeten Tier um eine Mischung zwischen Hellen und Dunklen Tigerpython. Foto: Prem

großen Pythonarten aus. Wir raten dazu, diese selbst brüten zu lassen, da es mit Sicherheit ein riskantes Unterfangen ist, einem Tiger-, Felsen- oder Netzpythonweibchen die Eier wegzunehmen. Hier ist die Wahrscheinlichkeit groß, daß bei dem Versuch, das Tier von seinem Gelege zu trennen, Eier beschädigt werden (von möglichen Bißverletzungen ganz zu schweigen). Wer es trotzdem wagen will, sollte mindestens zu zweit, besser noch zu dritt sein.

Unbedingt beachten:

Schlangeneier dürfen nach der Ablage nicht mehr gedreht werden, da sonst die Gefahr besteht, daß die Embryos absterben.

Der Brutapparat

Wenn Sie unter dieser Überschrift eine Bastelanleitung erwartet haben, müssen wir Sie leider entäuschen. Wir sind der Meinung, daß bei der Anschaffung eines Brutapparats nicht gespart werden darf, da von dessen Qualität der Zuchterfolg maßgeblich abhängt.

Der Betrag, den sich der Heimwerker möglicherweise spart, wenn er sich selbst einen Brüter baut, kann sehr schnell durch die bessere Schlupfquote eines technisch ausgereiften Gerätes aus dem Handel egalisiert sein.

Ein guter Brutapparat muß folgende Voraussetzungen erfüllen:

- Konstante Bruttemperatur ohne Abweichungen
- Leichte Bedienbarkeit
- Schwere Entflammbarkeit bei Flächenbrütern
- GS-Prüfzeichen (geprüfte Sicherheit) bei Flächenbrütern

Je nach Anzahl der Eier, die Sie ausbrüten wollen, haben Sie die Auswahl zwischen einem Flächenbrüter (hier kann nur auf einer Ebene gebrütet werden) und einem Motorbrüter (durch gleichmäßige Verteilung der Wärme mittels eines Ventilators kann auf mehreren Ebenen gebrütet werden). Zum Bebrüten von Reptilieneiern genügt ein Flächenbrüter. Allerdings ist darauf zu achten, daß dieser in einem Raum mit relativ konstanter Temperatur stehen muß. Ist dies nicht möglich, so empfiehlt sich die Anschaffung eines Motorbrüters, denn dieser ist in der Lage, leichte Schwankungen der Außentemperatur auszugleichen.

Zum Beispiel die Firma Brutmaschinen-

Kopfstudie einer *Boa c. constrictor* aus der Gegend von Belem in Brasilien. Foto: Stöckl

Dieses Baumpythonbaby hat soeben die Eihülle durchstoßen. Bei Gefahr wird es sich sofort wieder zurückziehen. Das macht aber nichts, denn es kann ruhig noch ein, zwei Tage darin verbleiben, um das in der Eihülle und im Dottersack gehaltene Blut in sich aufzunehmen. Foto: Hartmann

Janeschitz bietet beide Modelle in mehreren technisch ausgereiften Varianten speziell auch für die Bebrütung von Reptilieneiern an.

Der Schlupf

Die meisten Pythonarten schlüpfen nach etwa 60 Tagen Inkubation bei 30 bis 31 °C und einer Luftfeuchtigkeit zwischen 90 und 95 %. Eine zu geringe Temperatur im Brutapparat kann dazu führen, daß sich der Schlupf verzögert, die Tiere Mißbildungen aufweisen oder der Embryo im Ei abstirbt.

Einige Arten wie der Netzpython, der Schwarzkopfpython und der Felsenpython brauchen zur Reifung deutlich länger als 60 Tage (ROSS & MARZEK 1990).

Beim Schlupf schlitzen die Jungschlangen mit ihrem Eizahn die Oberseite des Eies auf und schieben ihren Kopf durch die so entstandene Öffnung. Es wäre ein Fehler, das Schlangenbaby jetzt sofort ganz aus dem Ei zu holen. Es kann ruhig noch ein, zwei Tage darin verbleiben, um das in der Eihülle und im Dottersack gehaltene Blut in sich aufzunehmen. Während dieser Zeit zieht es sich bei Störungen wieder in seine schützende Schale zurück und wappnet sich erstmal für die Unbilden des Lebens.

Leider schlüpfen oft nicht alle Jungen zur selben Zeit. Es kann durchaus vorkommen, daß einige der Tiere bis zu sieben Tage länger für die Entwicklung benötigen, als ihre Geschwister, oder es einfach nicht schaffen, die Schale zu durchdringen. Hier ist guter Rat teuer, aber nicht unerschwinglich. Um sich Gewißheit zu verschaffen, was im Ei vorgeht, genügt es, mit einer spitzen Nagelschere oder einem Skalpell ein kleines Fenster in die Oberseite des Eies zu ritzen und dieses aufzuklappen. Erweist es sich, daß das Junge noch nicht soweit ist, so kann es problemlos noch einige Tage bis zur vollständigen Reifung im Ei verbleiben und dann selbständig schlüpfen.

Lebendgeburt

Wesentlich unproblematischer verläuft der Geburtsvorgang bei den ovoviviparen Boas. Hier bleiben die Eier bis zur vollständigen Reife im Mutterleib.

Die Geburt von Surinamrotschwanzboas ist ein seltenes Ereignis, da diese Art relativ schwer nachzuzüchten ist. Bei den Eltern dieser Babys handelt es sich um Wildfänge. Foto: Stöckl

Bei der Ablage kommen komplett lebensfähige Junge zur Welt, die von einer transparenten Eihülle umschlossen sind. Diese gilt es für die jungen Boas zu durchstoßen. Wir konnten allerdings schon beobachten, daß die Mutter dabei Hilfestellung leistet, indem sie mit ihrer Schnauze die Eihüllen zerreißt, oder die Jungen durch Anstupsen zur Aktivität ermuntert.

Auch bei den Boas sind die Jungen durch eine Nabelschnur mit dem Dottersack verbunden. Dieser ist im Idealfall bei der Geburt aufgebraucht. Die Nabelschnur trocknet ein und fällt ab. Spätestens nach der ersten Häutung ist von ihr nichts mehr zu sehen.

Versorgen der Neonaten

Wir haben sehr gute Erfahrungen damit gemacht, die Jungen nach der Geburt nicht einfach ihrem Schicksal zu überlassen, sondern sie zu versorgen.

Das Schlangenbaby ist nach der Geburt von klebrigen Resten aus dem Ei bedeckt. Wir säubern die Schlange mit einem Papiertuch, binden die Nabelschnur zweifingerbreit unter dem Bauch mit Zahnseide oder einem Bindfaden ab und entfernen den Rest. Anschließend folgt ein Bad in handwarmen Wasser. Danach reiben wir das Schlangenbaby mit einem Küchentuch trocken und versehen die Reste der Nabelschnur mit einem antibaktieriellen Puder.

Das alles muß natürlich nicht sein, bringt aber einige Vorteile. Zum einen wird der Kreislauf der Jungschlange angeregt, zum anderen können die Rückstände aus dem Ei nicht antrocknen.

Die erste Fütterung

In der Regel werden neugeborene Riesenschlangen nach der ersten Häutung gefüttert. Diese erfolgt meist innerhalb von 14 Tagen nach der Geburt. Bei schwächeren und noch nicht voll ausgereiften Tieren kann es länger dauern.

Je nach Art variiert die Größe des anzubietenden Futtertiers für ein Schlangenbaby von der nackten Maus für Baumpythons, *Chondropython (Morelia) viridis,* bis zur ausgewachsenen für Madagaskarboas, *Acrantophis madagascariensis.*

Bei der Zwangsfütterung darf die Pinzette niemals über den Kopf des Nagers hinausragen, da sonst womöglich die Schlange verletzt wird.

Hat das Schlangenbaby den Nager erst einmal im Schlund, dann wird es in den meisten Fällen den Weitertransport in den Magen selbständig durchführen. Wichtig ist vor allen Dingen das Futtertier ausreichend gleitfähig zu machen.
Fotos: Stöckl

Der erste Fütterungsversuch bei Schlangenbabys sollte mit einem lebenden Nager durchgeführt werden, da hier der Beutereiz größer ist und somit die Chancen steigen, daß das Tier frißt. Während Sie hier mit bei einem jungen Tigerpython oder einer *Boa c. constrictor* keine Probleme haben dürften, sind andere Arten wie Baumpythons als Futterverweigerer berüchtigt.
Der sicherste Weg, eine Jungschlange zum Fressen zu bringen ist, sie zusam-

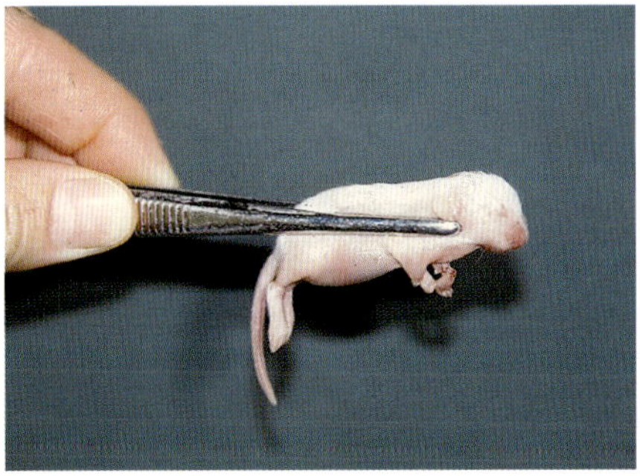

men mit einem lebenden Futtertier über Nacht in einem Behälter unterzubringen. Der Nager sollte von einer Größe sein, die eine Verletzung des Schlangenbabys durch Bisse ausschließt.
Hat die Vergesellschaftung von Beutetier und Räuber nicht zum gewünschten Erfolg geführt, bleibt noch der Versuch, die Schlange solange zu ärgern, bis sie zuschnappt. Mit ein bißchen Glück wird dabei jene Reflexkette in Gang gesetzt, die zum Freßvorgang führt. Zu diesem Zweck nehmen Sie das Futtertier mit der Pinzette und stupsen damit immer wieder gegen das Maul der Schlange. Fruchtet auch das nicht, dann bleibt nur die Möglichkeit, es ein paar Tage später erneut zu versuchen.

Die Zwangsfütterung

Verweigert das Tier hartnäckig die Nahrung und befindet es sich in einem Zustand, in dem nicht länger gewartet werden kann, dann ist Zwangsfüttern angesagt.

Zu diesem Zweck töten Sie ein Futtertier geringer Größe (Babymaus) und machen es mit Eiklar gleitfähig. Anschließend nehmen Sie den frischtoten Nager horizontal mit einer stumpfen Pinzette so, daß deren Enden nicht über den Kopf hinausragen. Dann schieben Sie das Futtertier in den Schlund der Schlange, bis es nicht mehr zu sehen ist. In den weitaus meisten Fällen wird dadurch der Schluckreflex des Schlangenbabys aktiviert und der Weitertransport des Nagers in den Magen ohne weitere

Maßnahmen durchgeführt. Geschieht das nicht, so massieren Sie den Nager vorsichtig in Richtung Körpermitte der Schlange, bis er an seinem Bestimmungsort angekommen ist.
Nach einer guten Woche können Sie erneut Futter anbieten. Bei Ablehnung erfolgt wieder Zwangsfütterung. Diese Prozedur muß solange wiederholt werden, bis das Tier selbständig frißt.
Meistens wird dies nach wenigen Wochen der Fall sein. Wir haben allerdings auch schon von hartnäckigen Verweigerern gehört, die mehr als ein Jahr zwangsgefüttert werden mußten.

Sorgfaltspflichten bei Jungschlangen

Riesenschlangenbabys sind neugierig, unachtsam und wesentlich aktiver als adulte Tiere. Die Würmchen gelangen aufgrund ihrer geringen Größe an die unmöglichsten Stellen im Terrarium und nutzen jede Gelegenheit, sich irgendwo hindurchzuzwängen. Das kann zwischen Leuchtstoffröhre und Fassung, den Maschen des Schutzdrahtes am Heizstrahler oder winzigen Lücken in der Abtrennung von zwei Terrarienhälften sein.
Dabei kommt es immer wieder zu Unglücksfällen mit tödlichem Ausgang für die Jungschlangen. Überprüfen Sie also das entsprechende Behältnis gründlich auf mögliche Gefahrenquellen.
Desweiteren ist es für die Riesenschlangenbabys sehr wichtig, daß Temperatur und Luftfeuchtigkeit im Komfortbereich liegen. Schon geringe Abweichungen nach unten oder oben können hier zu Verdauungsproblemen wie Kotstau oder Auswürgen der Nahrung führen.
Wenn Ihr Jungtier schon längere Zeit nicht mehr abgekotet hat, sollten Sie es am Darm vor der Kloake abtasten. Lassen sich dort harte Verdickungen feststellen, besteht der Verdacht auf Kotstau. Erste Maßnahme hierbei ist ein längeres, lauwarmes Bad, bei dem mit etwas Glück die verhärteten Kotbrocken ausgeschieden werden.
Geschieht dies nicht, können Sie versuchen, den Kot vorsichtig in Richtung Kloake zu massieren und dann durch die Öffnung herauszustreichen. Gegebenenfalls ist ein qualifizierter Tierarzt aufzusuchen.
Kotstau entsteht durch zu geringe Luftfeuchtigkeit. Also: Haltungsbedingungen überprüfen!
Das zweite Problem, daß bei Jungschlangen auftreten kann, ist das Auswürgen der Nahrung. Insbesondere einige Unterarten von *Boa constrictor* sind hier etwas anfällig. Schlangenbabys sollten lieber etwas kleiner gefüttert werden. Ihr Verdauungsapparat ist noch nicht so belastbar wie der von adulten Exemplaren. Würgt eine Jungschlange aus, so sollte sie 14 Tage nicht mehr gefüttert werden, damit sich der Verdauungstrakt beruhigen kann. Anschließend ist ein sehr kleines Futtertier anzubieten, am besten ein nacktes Mäusebaby.

Wenn diese beiden Boa constrictor Babys geschlechtsreif sind und miteinander Junge haben, wird die Hälfte des Wurfs aus Albinos bestehen, da das normal gefärbte Männchen die Erbanlage zum Albino in sich trägt. Foto: Stöckl

Wiederholt sich das Auswürgen trotz optimaler Haltungsbedingungen und dem Verzehr von Futtertieren angemessener Größe, sollte die Möglichkeit einer Infektionskrankheit geklärt werden.

Albinos

Nachdem sich der Albino-Tigerpython großer Beliebtheit erfreut und in naher Zukunft sicherlich auch Albino-*Boa constrictor* in Deutschland verfügbar sein werden, wollen wir auch dieses Thema kurz streifen. Insbesondere für den, der sich eine Albino-*Boa constrictor* zulegen will, sind nachfolgende Informationen sicherlich von Interesse.
Zunächst wollen wir zu dem Gerücht Stellung nehmen, daß Albino – Riesenschlangen kleiner bleiben als ihre normalen Artgenossen und krankheitsanfälliger sind. Beides ist nicht richtig. Albinos unterscheiden sich von den normalen Exemplaren nur durch die fehlenden Pigmente.

Doch nun das wichtigste zu diesem Thema, nämlich ein kleiner Ausflug in die Vererbungslehre. Der auf diesem Themengebiet bewanderte Leser möge uns die stark vereinfachte Darstellung der Materie vergeben.

- Verpaarung Albino mit Albino: 100 % des Nachwuchses sind Albinos.
- Verpaarung Albino mit normaler Schlange:
  Alle Boas sehen normal aus, tragen aber das Albino-Gen (wir bezeichnen das jetzt einfach mal so) in sich. Diese Tiere nennt man Heterozygoten, kurz und amerikanisch: Het
- Verpaarung Albino mit Het: 50 % Albinos, 50 % Het
- Verpaarung Het mit Het:
  25 % Albinos, 50 % Het,
  25 % normale Boas

Dieses Wissen kann wichtig für Sie sein, weil natürlich der Erwerb einer Zuchtgruppe Albino - *Boa constrictor* enorm ins Geld geht. Dies können Sie durch den Kauf einer gemischten Gruppe aus Heterozygoten und Albinos etwas abschwächen.

Unbedingt beachten:

Anzufügen ist der Ordnung halber noch, daß die vorgenannten Zahlen rein rechnerisch zu verstehen sind und es deshalb bei den tatsächlichen Ergebnissen zu Abweichungen kommen kann.

Natürlich würde dieses Thema allein ein ganzes Buch füllen. Wir wollen uns deshalb auf das Notwendigste und Wichtigste beschränken. Wer sich ausführlicher mit der Problematik beschäftigen will, dem empfehlen wir den im bede-Verlag erschienenen „Atlas der Reptilienkrankheiten“. In keinem anderen deutschsprachigen Werk wird eine solche Fülle an herpetologischem Fachwissen so verständlich und übersichtlich dargestellt.

Diagnoseverfahren

Am Anfang der Behandlung steht immer die Diagnose. Verabreichen Sie nie auf Verdacht irgendwelche Medikamente! Erkrankte Tiere sind sofort von den gesunden zu trennen und einzeln auf Zeitungspapier zu halten. Zur Bestimmung von bakteriellen Infektionen eignen sich Kotproben, Abstriche aus Darm und Maul, sowie von erkrankten Hautstellen im Fall einer Dermatose. Die meisten endogenen Parasiten lassen sich im Kot des befallenen Tiers feststellen. Die Auswertung der Proben geschieht durch den Tierarzt oder ein geeignetes Institut.

Empfehlen möchten wir an dieser Stelle die Diplombiologen Gerhard KERN und Volker SCHAD, welche in Filderstadt, Jakobstraße 65, die GeVo Diagnostik, Gesellschaft für medizinische und biologische Untersuchungen mbH betreiben.

Abstrichtupfer (erhältlich in der Apotheke) und Behälter für Kotproben (eine leere Filmdose eignet sich hier prima) gehören dabei zur Grundausstattung des verantwortungsvollen Schlangenhalters.

Bakterielle Infektionen

Diese sind die häufigsten Todesursache von Riesenschlangen in der Terrarienhaltung. Besonders oft sind der Verdauungstrakt und die Atemwege betroffen. Einer der gefährlichsten Keime ist *Pseudomonas aeroginosa.* Größtmögliche Hygiene sowie tägliche Reinigung des Wasserbehälters sorgen dafür, die Anzahl pathogener (krankheitserregender) Bakterien niedrig zu halten.

Ist der Magen-Darmtrakt befallen, so neigen die Tiere dazu, Nahrung zu verweigern, das Futter wieder auszuwürgen oder breiigen Kot abzusetzen. Eine Kotprobe oder ein Abstrich aus dem Darm bringt rasche Gewißheit. Durch Anlegen von Kulturen wird im Labor der Erreger bestimmt und mittels Resistenztest festgestellt, welches Antibiotikum wirksam ist. Erst dann erfolgt die Behandlung.

Zugluft oder falsche Haltungsbedingungen begünstigen bakterielle Infektionen der Atemwege. Bei erkrankten Tieren bilden sich auf der Nasenöffnung kleine Schaumbläschen. Oft ist auch das Maul verschleimt und sind röchelnde oder zischende Atemgeräusche zu hören. Reckt die Schlange das vordere Drittel des Körpers in die Höhe und sperrt das Maul um Luft zu bekommen weit auf, so ist die Erkrankung bereits in

einem ernsten Stadium. Hier müssen Sie unverzüglich mit der Antibiotikabehandlung beginnen. Im Anfangsstadium hingegen besteht noch die Möglichkeit, durch Erhöhung der Temperatur im Terrarium und Ausschalten ungünstiger Haltungsbedingungen wie Zug- oder Stauluft, die Sache ohne die chemische Keule in den Griff zu bekommen.
Hier noch zwei gängige Antibiotika, die bei Schlangen zur Anwendung kommen können und mit denen wir gute Erfahrungen gemacht haben:

Enrofloxacin

Handelsname Baytril; Hersteller: Bayer AG Leverkusen, erhältlich als 2,5 und 5 %ige Injektionslösung und als Saft zur oralen Verabreichung. Empfohlene Dosierung laut Herstellerangaben: 5 bis 15 mg pro Kilogramm Körpergewicht über mindestens fünf Tage. Warnhinweis: Soll nicht bei Jungtieren eingesetzt werden, da möglicherweise knorpelschädigend.

Trimethoprim Sulfamethoxazol

Handelsname Bactrim; Hersteller: Hoffmann-La Roche AG Grenzach-Wyhlen, erhältlich als Sirupflasche zu 100 ml, wobei 5 ml Sirup 40 mg Trimethoprim und 200 mg Sulfamethoxazol enthalten. Wird oral verabreicht. Empfohlene Dosierung (Therapievorschlag nach ISENBÜGEL & FRANK (1985)): 1 ml pro kg Körpergewicht über sieben Tage. Warnhinweis: Bei längerem Gebrauch nierenschädigend, wird ansonsten gut vertragen.

Hinweis:

Ein Antibiotikum sollte erst zur Anwendung kommen, wenn der Resistenztest seine Wirksamkeit gezeigt hat. Einzige Ausnahme hierfür ist, wenn das Tier in so schlechtem Zustand ist, daß nicht mehr länger gewartet werden kann.

Boviserin®

An dieser Stelle möchte wir noch das von Hoechst Roussel Vet hergestellte Medikament Boviserin® vorstellen.

Die Bewohner der Pearl Islands vor Panama halten *Boa c. sabogae* für giftig und verfolgen diese kleinbleibende Abgottschlange deshalb erbarmungslos. Ihr Bestand ist akut gefährdet. Man kann deshalb diesem Exemplar seine Drohgebärde nicht verübeln. Foto: Meidinger

Dies ist eine Aminosäurenlösung, die fast ohne Verdauungsarbeit aufgenommen wird und sich deshalb sehr gut zur Ernährung von kranken Boas oder Pythons, die nicht mehr in der Lage sind, normale Nahrung zu verarbeiten, eignet. Mit Boviserin® wurde schon so mancher Schlange das Leben gerettet.

Wir haben auf Anfrage der Hoechst Roussel Vet einen Erfahrungsbericht verfaßt, den Sie am Ende des Buchs im Anhang finden. Er wird Ihnen wertvolle Hinweise geben, wann und wie Sie Boviserin® bei einer Erkrankung Ihres Tiers einsetzen können.

Parasitenbefall

Hier unterscheidet man Ektoparasiten (die auf der Schlange zu finden sind) und Endoparasiten (die sich im Körper des Tiers niedergelassen haben).

Zecken und Milben

Die häufigsten Ektoparasiten sind Zecken und Milben. Erstere finden sich in der Regel nur auf Wildfängen und können mit einer Zeckenzange entfernt werden.

Milben sind hingegen hartnäckiger. Die kleinen schwarzen Geschöpfe sind oft eine Heimsuchung für den Terrarianer und die befallenen Schlangen. Meist holt sich der ahnungslose Schlangenhalter diese Plagegeister durch Neuzugänge oder mit dem Bodengrund (Kleintierstreu!) in den Bestand.

Milben lassen sich zwischen den Schuppen der Schlange und auch in der Augenregion nieder und saugen Blut. Je nach Schweregrad des Befalls führt dies zu Blutarmut, infektiösen Entzündungen auf der Haut oder sogar zum Tod des Tiers. Wir haben schon bedauernswerte Schlangen erlebt, die aussahen, als hätte sie jemand mit der Pfefferbüchse bestreut, so viele Milben hatten sich auf ihnen eingenistet.

Liegt eine Riesenschlange, die sonst nie badet, im Wasser, dann sollten Sie

Hätten Sie gedacht, daß diese Jungschlange keine normale *Boa constrictor* ist, sondern ein Heterozygot, der die Erbanlage zum Albino in sich trägt? Als wir ihn aus den USA importierten, wies das Tier starken Milbenbefall auf. Deshalb weihte es sein neues Zuhause gleich mit einem ausgedehnten Bad ein.
Foto: Stöckl

nachsehen, ob ein Milbenbefall vorliegt. Boas und Pythons scheinen nämlich zu wissen, daß Milben nicht schwimmen können und verschaffen sich Erleichterung, indem sie ihre Plagegeister ersäufen. Dieser Sieg ist jedoch nur vorübergehender Natur, da sofort wieder neue Truppen zur Stelle sind, wenn die Schlange das Wasserbecken wieder verläßt.
Die einfachste Lösung des Milbenproblems heißt Dichlorvos. Dieser Wirkstoff ist in verschiedenen Insektenstrips enthalten und tötet die Plagegeister innerhalb weniger Stunden. Ein der Größe des Terrariums angemessener Strip wird für eine Woche ins Terrarium gegeben (nicht über das Wasserbecken hängen und mit einem Damenstrumpf gegen bezüngeln durch die Schlange schützen). Es ist auch darauf zu achten, daß während des Einsatzes von Dichlorvos die Luftfeuchtigkeit 50 % nicht übersteigt, da sonst der Wirkstoff Schaden nimmt.
Mit der Verwendung über den Zeitraum von einer Woche können Sie sicher sein, daß auch jene Milben erfaßt werden, die noch aus den Eiern schlüpfen und vorher nicht erreicht wurden. Nach sieben Tagen ist das Terrarium auszuräumen und gründlich zu reinigen.
Wir haben gute Erfahrungen damit gemacht, bereits die Einstreu auf die vorgenannte Weise zu entmilben, bevor sie ins Terrarium kommt.
In der Regel wird Dichlorvos von Riesenschlangen gut vertragen. Sie sollten aber die Tiere dennoch am Anfang sorgfältig beobachten und bei auffälligem Verhalten die Anwendung sofort beenden.
Eine weitere Möglichkeit, den Milben Herr zu werden, ist Neguvon. Am besten, Sie bitten den Apotheker, Ihnen eine 0,2%ige Lösung dieses Wirkstoffes herzustellen und tränken damit ein Leinensäckchen. Anschließend lassen Sie es trocknen und sperren das befallene Tier für zwölf Stunden darin ein. Durch die Ausdünstung des Neguvons aus dem Gewebe sterben die Milben ab. Das Terrarium muß vollständig ausgeräumt und ebenfalls

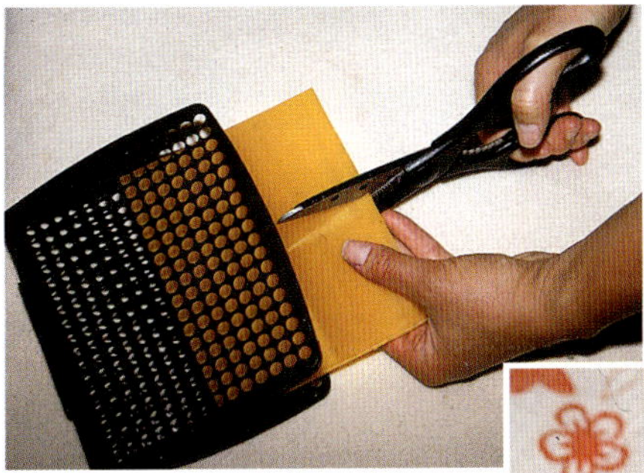

mit der Lösung besprüht werden.

Achtung: Niemals die Schlange besprühen!

Ein Sorgenkind in der Behandlung von Milben ist die Regenbogenboa, *Epicrates cenchria*.
Bei ihr können wir weder Milbenstrips noch Neguvon empfehlen. Allenfalls können Sie es hier mit Bolfospray oder -puder versuchen. Sie decken den Kopf des Tieres ab und sprühen den Körper gegen den Strich aus 15 cm Entfernung ein. Mit einem bolfospray-getränkten Wattebausch tupfen Sie dann anschließend Augen, Lippen und Kopfregion vorsichtig ab. Danach kommt das Tier in ein Leinensäckchen. Dort fallen dann die Milben ab. Diese Behandlung ist täglich zu wiederholen, bis auch die letzten Milben aus den Eiern geschlüpft sind, also eine Woche. Die Terrarienanlage ist gründlich auszuräumen, mit der chemischen Keule (Neguvon) zu entmilben, gründlich mit klarem Wasser nachzuspülen und gut durchzulüften, bevor unsere Regenbogenboa wieder hineinkommt. Zur Belohnung nach all dem Streß und weil es dem Tier gut tut, sollten Sie ihm noch ein Kamillenbad gönnen. Nun verstehen Sie sicher, warum die Verfasser keine Regenbogenboas halten.

Cestoden

Bandwürmer (Cestoden) sind zusammen mit den Nematoden die häufigsten endogenen Parasiten bei Riesenschlangen. Sie treten nur bei Wildfängen auf und können zu einer chronischen Darmentzündung führen.
Charakteristisch für den Befall mit Bandwürmern ist, daß die betroffenen Tiere nicht an Gewicht zunehmen, auch wenn sie (noch) gut fressen. Cestoden lassen sich im Kot der Schlange nachweisen. Als Mittel der Wahl empfiehlt sich Droncit, (Wirkstoffname Praziquantel) der Firma Bayer AG in einer

Milbenbefall ist mit Insektenstrips mit dem Wirkstoff Dichlorvos zu bekämpfen.

Der Insektenstrip hat gewirkt. Diese *Boa c. amarali* ist ihre Plagegeister los. Nach einigen Wochen ist die Schlange wieder fit und wird wesentlich heller als jetzt aussehen.
Fotos: Stöckl

Dieses hübsche, ein Jahr alte *Boa c. imperator* Männchen hat das Licht der Welt im Reptilienzoo von Robert MEIDINGER in Costa Rica erblickt. Foto: Stöckl

Dosierung von 25 bis 40 mg Körpergewicht. Normalerweise genügt eine einmalige Gabe des Präparates (ISENBÜGEL & FRANK 1985)).

Droncit läßt sich in Wasser oder Boviserin aufgelöst problemlos über eine Schlauchsonde verabreichen.

Warnhinweis: In der Literatur wurde von Todesfällen nach Droncitbehandlung bei *Boa constrictor* berichtet. (SCHALLER 1984). Unsere Tiere haben das Mittel allerdings immer problemlos vertragen. Wir vermuten, daß es sich bei den verstorbenen Tieren um gesundheitlich angeschlagene Wildfänge gehandelt hat.

Nematoden

finden sich im Magen-Darmtrakt der befallenen Riesenschlangen und ernähren sich von Blut und Darmschleimhautgewebe. An den befallenen Stellen kommt es dann zu Entzündungen und bakteriellen Infektionen.

Auf die verschiedenen Nematodenarten wollen wir hier nicht eingehen, es genügt zu wissen, daß die Eier dieser Parasiten im Kot nachgewiesen werden.

Panacur (Wirkstoff Fenbendazol) eignet sich bestens, um den befallenen Schlangen zu helfen. Eine einmalige Gabe per Schlauchsonde von 30 bis 50 mg Wirkstoff pro Kilogramm Körpergewicht, aufgelöst in Wasser oder Boviserin, reicht normalerweise. Nur bei wenigen Nematodengruppen wie Capilariiden oder bei bestimmten Spiruriden muß eine Woche lang mit täglich 100mg behandelt werden.

Grundsätzlich ist sowohl bei bakteriellen Infektionen als auch bei Parasitenbefall nach der Behandlung zur Erfolgskontrolle nochmals eine Probe einzuschicken.

Ein männliches Exemplar von *Boa c. longicauda,* dem jüngsten Sproß der Boafamilie. Diese Unterart ist erst 1991 von PRICE & RUSSO beschrieben worden. Ihre markante Kopfzeichnung macht diese sehr seltenen Tiere zum Objekt der Begierde für jeden *Boa constrictor* -Fan.
Foto: Stöckl

In diesem Abschnitt des Buchs wollen wir Ihnen eine Auswahl von Boas und Pythons vorstellen.
Wir haben dazu sowohl häufig gehaltene Riesenschlangen als auch einige Raritäten ausgewählt. Letzteres deshalb, damit auch der fachkundige Leser auf seine Kosten kommt und der Anfänger sieht, daß es neben dem Königspython und der Imperatorboa noch etwas anderes gibt.
Wir haben größtenteils darauf verzichtet, im Text auf Färbung und Zeichnung der Tiere einzugehen, da wir meinen, daß ein Bild mehr sagt als viele Worte.

Boaschlangen (Boinae)

Die Unterfamilie der Boaschlangen gliedert sich in die Gattungen *Acrantophis* (Madagaskarboas), *Boa* (Abgottschlangen), *Candoia* (Pazifikboas), *Corallus* (Hundskopfboas), *Epicrates* (Schlankboas) *Eryx* (Sandboas), *Eunectes* (Anakondas), *Lichanura* (Rosenboas), *Sanzinia* (Madagaskar-Hundskopfboas), *Trachyboa* (Rauhschuppenboas) und *Tropidophis* (Erdboas).
Als glühende Verehrer von *Boa constrictor* erlauben wir uns, dieser Art mit ihren Subspezies besonders breiten Raum zu widmen und sie an den Anfang zu stellen. Also dann...

Boa constrictor

Bei den Abgottschlangen handelt es sich um die populärste in Gefangenschaft gehaltene Riesenschlange. Gründe hierfür sind ihre außergewöhnliche Schönheit, die Vielfalt ihrer Unterarten, das in der Regel umgängliche Temperament und die Größe. Im Gegensatz zu den großen Python-Arten bleiben die Abmessungen einer geschlechtsreifen *Boa constrictor* in einem Bereich, in dem die private Haltung noch möglich ist. Trotzdem ist eine große Abgottschlange ein durchaus eindrucksvolles Tier.
Das Verbreitungsgebiet von *Boa constrictor* mit ihren Unterarten reicht

Wegen des strikten Ausfuhrverbots, das Brasilien schon lange Zeit praktiziert, sind Rotschwanzboas aus Bélèm eine Rarität. Sie unterscheiden sich nicht nur in der Färbung, sondern auch in der Form der Sattelflecken von *Boa c. constrictor* aus Surinam oder Guyana. Foto: Stöckl

vom mittleren Mexiko über Mittelamerika bis in das nördliche Argentinien. Auch in den kleinen Antillen ist die Abgottschlange zu finden.

Die Taxonomen sind sich, was die Anzahl der Subspezies von *Boa constrictor* betrifft, uneins.

Wir wollen diesen akademischen Streit außer acht lassen und Ihnen die wichtigsten und schönsten Unterarten vorstellen.

Boa constrictor constrictor

LINNAEUS, 1758 – „Rotschwanzboa“

Verbreitungsgebiet: nördliches Südamerika, Trinidad und Tobago

Paarungszeit: September bis März

Boa c. constrictor variiert in ihrem Grundton von elfenbein bis dunkelgrau. Da Vertreter dieser Art, insbesondere jene aus den Einzugsgebieten des Amazonas und des Orinokostroms oftmals über eine leuchtend rote Schwanzfärbung verfügen, war der Neme für diese Tiere gleich gefunden: „Rotschwanzboas“. Sie sind neben den Baumpythons, *Chondropython (Morelia) viridis* die begehrtesten Riesenschlangen bei den Terrarianern.

Boa c. constrictor ist der Riese unter den Abgottschlangen. In freier Wildbahn wurden schon Exemplare von mehr als 5 m Länge gefunden. In der Terrarienhaltung werden diese Maße nicht erreicht. Hier ist eine Rotschwanzboa mit 3 m schon eine Rarität.

Wichtigstes Kennzeichen sind die fledermausförmigen, braunen, bis dun-

kelbraunen Sattelflecken. Abweichungen sind hier allerdings insbesondere bei Tieren aus Brasilien möglich. Brasilianische Rotschwanzboas gehören mit ihrem elfenbeinfarbenem Grundton zu den schönsten und begehrtesten, aber auch seltensten Vertretern der Nominatform, da Brasilien ein striktes Ausfuhrverbot praktiziert.

Boa c. imperator DAUDIN, 1803

„Kaiserboa"

Verbreitungsgebiet: südliches Mexiko, Mittelamerika bis nordwestliches Südamerika

Paarungszeit: November bis März

Boa c. imperator bleibt mit circa 2.50 m in der Terrarienhaltung deutlich kleiner als *Boa c. constrictor.* Die „Kaiserboas" unterscheiden sich auch durch die wesentlich höhere Anzahl der Sattelflecken (bis zu 30) von der Nominatform. Die Grundfärbung der Tiere weist eine Bandbreite vom schwärzlichem dunkelbraun der mexikanischen Form bis zum milchigen Weiß der Hogg-Island - Variante auf.

Kaiserboas aus Kolumbien waren die ersten *Boa constrictor,* die Mitte der 60er Jahre in größerer Anzahl nach Deutschland importiert wurden. Ihre robuste Konstitution und ihr ruhiges Temperament macht sie zu idealen Terrarientieren für den Anfänger.

1988 wurde von Cayo de los Cochinos, einer Insel vor Honduras, eine interessante Farbvariante der Kaiserboa in größerer Stückzahl nach Deutschland eingeführt. Die Grundfärbung dieser sogenannten Hogg-Island-Boas reicht von milchigweiß bis hellgraubraun. Einige seltene Exemplare zeigen auch ein knalliges orange.

Aus den vor Honduras gelegenen sogenannten Hogg Islands kommt diese Spielart von *Boa c. imperator.* Bei dem abgebildeten weiblichen Exemplar handelt es sich um die sehr seltene orangene Farbvariante. Von den Hogg Island Boas weiß man, daß sie den Farbton im Tagesverlauf ändern. Abends sind sie immer dunkler als am frühen Morgen. Foto: Stöckl

Das Interessanteste an den Kaiserboas aus Cayo de los Cochinos ist, daß sie ihre Farbe wechseln. Morgens sind sie extrem hell und fast ohne erkennbare Zeichnung, abends wieder dunkler und

Eine drei Meter lange *Boa c. occidentalis* ist eine Augenweide. Noch dazu wenn sie, wie dieses weibliche Exemplar, handzahm ist. Foto: Stöckl

kontrastreicher. In Mexiko findet sich eine sehr dunkle Variante von *Boa c. imperator*, deren Färbung fast ein wenig an *Boa c. occidentalis* erinnert. Die Einordung als eigene Unterart, die sogenannte „*Boa c. mexicana*" hat sich allerdings nicht durchgesetzt.

Boa c. occidentalis PHILIPPI 1863
„Argentinische Boa"
Verbreitungsgebiet: Argentinien, Paraguay
Paarungszeit: November bis März
Die Argentinische Boa besitzt eine dunkelbraune bis schwarze Grundfärbung, die im Kontrast zu hellen Schuppen das Boamuster bildet. Sie kann auch in der Terrarienhaltung eine Länge von 3 m und mehr erreichen.
Nicht alle *Boa c. occidentalis* sehen attraktiv aus. Schwarze Exemplare mit hohem Weisanteil jedoch, bei denen der Kontrast besonders ausgeprägt ist, sind eine Augenweide, insbesondere wenn sie eine Länge von drei Meter aufweisen. Übrigens ist nach unserer Erfahrung die Argentinische Boa wesentlich aktiver als die anderen Unterarten der *Boa constrictor*.
Als einzige Unterart von *Boa constrictor*

Boa c. amarali haben von allen *Boa constrictor* - Unterarten den kürzesten Schwanz. Deshalb werden sie auch Kurzschwanzboas genannt. Das hier abgebildete Weibchen stammt aus Bolivien und unterscheidet sich erheblich von den sogenannten „Silverbacks".

Das hier abgebildete Tier kommt aus der Nähe von Sao Paolo und macht dieser Bezeichnung alle Ehre. In Deutschland ist fast nur die „Silverback-Variante" bekannt. Fotos: Stöckl

ist die Occidentalis im Anhang I des Washingtoner Artenschutz Übereinkommens aufgeführt. Das bedeutet, daß sie als vom Aussterben bedroht gilt. Für die Vermarktung der Tiere wird deshalb eine Ausnahmegenehmigung der Naturschutzbehörde benötigt.

Boa c. amarali (STULL, 1932)
„Kurzschwanzboa"
Verbreitungsgebiet: Südliches Brasilien, östliches Bolivien und Paraguay
Paarungszeit: November bis April

Die Kurzschwanzboa entspricht in ihrer Länge ungefähr *Boa c. imperator*. Zwei Varianten sind bekannt: Die sogenannten „Silverbacks" aus Brasilien mit einheitlich hell- bis dunkelgrauer oder bräunlicher Tönung; und jene Tiere aus Bolivien, die in der Färbung eine gewisse Ähnlichkeit mit Rotschwanzboas aufweisen. Beiden Varianten ist der extrem kurze Schwanz (daher der Name „Kurzschwanzboa") und die zahlreichen schwarzen Sprenkel am Rücken und auf

Die Sattelflecken von *Boa c. ortonii* verjüngen sich in der Mitte. Dieses aus dem nordwestlichen Peru stammende Wildfangweibchen ist etwa 3 Jahre alt und auf dem besten Weg, einmal ein besonders stattliches Exemplar zu werden. Foto: Stöckl

der Seite zu eigen. Desweiteren sind die „Widows-Peaks" der Sattelflecken extrem langgezogen und ausgeprägt.
In Deutschland sind eigentlich nur die „Silverbacks" bekannt, und die werden nicht allzu häufig gehalten. Nach unserem Kenntnisstand handelt es sich bei diesen Tieren fast ausschließlich um Nachkommen eines in Dänemark gehaltenen Zuchtpaares. Ein Professor aus Sao Paolo, der an der Universität Kopenhagen einen Lehrauftrag erhielt, brachte die Amarali mit und legte damit den Grundstein für die Verfügbarkeit von *Boa c. amarali* in Deutschland. Von der bolivianischen Variante gibt es hierzulande nur einige wenige Exemplare.

Boa c. ortonii COPE, 1878
„Ortons Boa"
Verbreitungsgebiet: nordwestliches Peru
Paarungszeit: November bis März
Auch diese Unterart ist in Deutschland leider kaum erhältlich, obwohl sie aufgrund ihrer hellen und kräftigen Farben fast jede Surinam- oder Guyanarotschwanzboa in den Schatten stellt. Charakteristisch für Ortons Boa ist der sandfarbene (gelbliche) bis silbrig blaugraue Grundton, von dem sich die dunkelbraunen, überwiegend sanduhrförmigen Sattelflecken sehr gut abheben („trockenes" Muster). Die meist roten Schwanzflecken werden von leuchtendgelben Bereichen getrennt. *Boa c. ortonii* gehört nicht zu den kleinbleibenden Arten. In freier Wildbahn können die Weibchen eine Länge von 4 m erreichen.

Boa c. longicauda PRICE & RUSSO, 1991
„Langschwanzboa" oder „Tumbesboa"
Verbreitungsgebiet: Provinz Tumbes, Nordperu
Paarungszeit: November bis März
Diese Unterart wurde erst 1991 von Robert PRICE & Paul RUSSO beschrieben

Eine weitere Variante der Langschwanzboa. Welche Subspezies von *Boa constrictor* wollte es mit dem exotischen Aussehen dieser Tiere aufnehmen?
Foto: Stöckl

Die goldbraune Variante von *Boa c. longicauda.* Kaum eine andere Unterart von *Boa constrictor* gibt es in soviel optisch ansprechenden Farbvarianten wie diese selten gehaltenen und 1991 erstmals beschriebenen Boas aus der Provinz Tumbes in Peru.
Foto: Stöckl

und ist bisher kaum bekannt. Dabei gehört sie zum prächtigsten, was *Boa constrictor* zu bieten hat. Als wir zum ersten Mal Fotos von dieser Unterart sahen, erlagen wir völlig der Faszination, die von diesen Tieren ausgeht.
Hervorstechendstes Merkmal ist die Zeichnung am Kopf. Auf der Oberseite mittig verläuft eine dicke, dunkelgraue bis schwarze, speerspitzenförmige Linie, teilweise mit Ausläufern zu den Augen. Auch die Voraugenschilder sind dick und dunkelgrau oder schwarz. Durch diese Zeichnung erinnern die Langschwanzboas an Indianer mit Kriegsbemalung. Bei keiner anderen Unterart findet sich eine derart markante Kopfzeichnung. Die Behauptung von PRICE & RUSSO, daß *Boa c. longicauda* im Verhältnis zur Körpergröße den längsten Schwanz aller Boa-Unterarten hat, wurde inzwischen zu Recht von dem Amerikanischen Reptilien-Guru Philippe de VOSJOLI (einem Kenner und Liebhaber dieser Art, wie die Autoren auch) widerlegt. Adulte Weibchen können knapp 3 m erreichen. Die Tumbesboa ist, was die Grundfärbung betrifft, sehr variabel. Sie reicht von goldfarben über goldbraun bis grau. Einen goldfarbenen Bereich in der Schwanzgegend haben jedoch alle, ohne Ausnahme.
Bei den wenigen Langschwanzboas, die in den USA vorhanden sind, handelt es sich um vom amerikanischen Zoll beschlagnahmte Tiere und deren (handvoll) Nachkommen. Es ist nicht ratsam, sich selbst in das Verbreitungsgebiet von *Boa c. longicauda* zu begeben, da dort die Terrororganisation „Leuchtender Pfad" ihr Unwesen treibt.

Boa c. sabogae (BARBOUR, 1906)

„Pearl-Island-Boa"
Verbreitungsgebiet: Pearl Islands, Panama
Paarungszeit: unbekannt
Boa c. sabogae wird unseres Wissens unter menschlicher Obhut bisher nicht gehalten. Alles deutet darauf hin, daß dies auch so bleiben wird, weil es diese

Inselform wahrscheinlich nicht mehr lange geben wird. Der Grund, warum wir uns hier trotzdem mit der Pearl Island Boa beschäftigen ist, daß wir dank unserem Freund Robert MEIDINGER, der in Costa Rica lebt und dort einen Reptilienzoo betreibt, an hervorragende Fotos dieser vom Aussterben (besser gesagt: von der Ausrottung) bedrohten Unterart von *Boa constrictor* gelangt sind. Robert MEIDINGER hat von den Behörden in Panama die Genehmigung erhalten, drei Pärchen zu fangen.

Eines seiner e-mails an uns haben wir im Anhang ungekürzt abgedruckt, da es ein erschütterndes Dokument darüber ist, wie die Menschen dafür sorgen, daß immer mehr Tierarten der Vergangenheit angehören.

An dieser Stelle wollen wir uns ausdrücklich bei Robert für die Fotos bedanken und seinen Reptilienzoo „World of Snakes“ in Grecia/ Costa Rica wärmstens empfehlen, sollte dort der eine oder andere Leser einmal Urlaub machen.

Boa c. sabogae wird nur etwa 1,50 m groß. Sie lebt auf den sogenannten Pearl Islands vor Panama. Foto: Meidinger

Doch nun zur Pearl-Island-Boa:

Diese kleinbleibende (bis ca. 150 cm lange) Abgottschlange besitzt eine hellbraune Grundfärbung, die besonders am Rücken dunkler wird und ins ockergelbe geht. Auch die Augen weisen eine hellbraune Färbung mit einem Stich ins ockergelbe auf. Die Färbung der Sattelflecken, die nicht miteinander verbunden sind, ist mittel- bis dunkelbraun. Die Farbe der Schwanzflecken und der Sattelflecken ist fast identisch.

Die uns zur Verfügung stehenden Fotos von *Boa c. sabogae* zeigen, daß diese Unterart nur um die 18 bis 20 Sattelflecken aufweist und somit eigentlich nicht im Bereich von *Boa c. imperator* liegt. Da es sich um eine sehr isoliert lebende Form handelt, dürften die Unterschiede zwischen den einzelnen Exemplaren der Pearl-Island-Boa nicht allzu groß sein.

Weitere *Boa constrictor*-Unterarten

Inselformen von *Boa constrictor* sind *Boa c. orophias,* hauptsächlich beheimatet auf St. Lucia, *Boa c. nebulosa* (Insel Dominica, Kleine Antillen) und *Boa c. sigma* (Tres Marias Islands).
Daneben gibt es noch *Boa c. melanogaster* und *Boa c. mexicana.* Diese beiden Subspezies werden jedoch von den meisten Taxonomen nicht als eigene Unterart anerkannt, sondern *Boa c. constrictor,* oder *Boa c. imperator* zugeordnet.

Hier wird dokumentiert, wie sich Babys von *Boa constrictor* innerhalb der ersten Lebensjahre herausmachen. Auf Seite 49 sehen Sie dieselbe brasilianische Rotschwanzboa im Alter von drei Jahren (hier ist sie wenige Wochen alt). Foto: Stöckl

Acrantophis madagascariensis

(DUMERIL & BIBRON, 1844)
Nördliche Madagaskarboa
Verbreitungsgebiet: Norden und Nordwesten Madagaskars
Paarungszeit: November bis April
Diese vom Aussterben bedrohte (Anhang I des Washingtoner Artenschutz Übereinkommens) Boa war lange Zeit ein sehr seltenes und begehrtes Terrarientier in Deutschland. Inzwischen wird die Nördliche Madagaskarboa schon häufiger gehalten. In der Natur ist sie eine Waldbewohnerin. *Acrantophis madagascariensis* kann eine Länge von mehr als 3 m erreichen und hat einen äußerst muskulösen und kräftigen Körperbau. Aufgrund ihres Gewichts hält sie sich lieber am Boden auf, statt zu klettern. Nach einer Tragezeit von neun Monaten bringt die Nördliche Madagaskarboa etwa sechs Junge (manchmal auch etwas mehr) zur Welt. Diese sind sehr groß und kräftig. Die erste Mahlzeit besteht bereits aus ausgewachsenen Mäusen.

Acranthophis dumerili

Südliche Madagaskarboa (JAN, 1860)
Verbreitungsgebiet: Südmadagaskar, Insel Reunion
Paarungszeit: November bis März
Dies ist die kleine Schwester von *Acrantophis madagascariensis.* Im Schnitt erreicht die Südliche Madagaskarboa eine Länge von gut 2 m. Sie fühlt sich im trockeneren Süd- und Zentralmadagaskar ebenso wohl wie in den feuchteren Wäldern von Reunion. Aufgrund der Zerstörung ihres Lebensraums durch den Menschen ist *Acrantophis dumerili* ebenso vom Aussterben bedroht wie die Nördliche Madagaskarboa und deshalb auch im Anhang I des

Acrantophis madagascariensis ist in ihrer Heimat vom Aussterben bedroht. Diese Tiere werden sich auch nicht so schnell wieder vermehren, da die Tragezeit neun Monate beträgt, und die Weibchen bei der Fortpflanzung meistens einen zweijahres Rhythmus einhalten.
Foto: Broghammer

Washingtoner Artenschutz Übereinkommens (CITES) aufgeführt.
Die Dumerils Boa (wie sie auch noch genannt wird) ist in der Haltung völlig problemlos. Die meisten Exemplare zeigen sich dem Menschen gegenüber meist friedfertig und gehen gut ans übliche Boafutter. *Acrantophis dumerili* gehört zu jenen Arten, die sich ohne Schwierigkeiten nachzüchten läßt. Nach einer Tragezeit von sechs bis acht Monaten kann ein großes Weibchen bis zu 20 Junge bekommen. Bei DUMERILI-Babys sollen schon Fälle von Kanibalismus vorgekommen sein. Also: Lieber einzeln halten.

Sanzinia madagascariensis (GRAY, 1849)
Madagassische Hundskopfboa
Verbreitungsgebiet: Ostmadagaskar und Westküste Madagaskars
Paarungszeit: September bis Januar
Die Hundskopfboa ist die dritte Riesenschlangenart auf Madagaskar und eben-

Die Südliche Madagaskarboa steht ebenfalls auf der Liste der vom Aussterben bedrohten Arten. Dies dürfte jedoch nur noch für die Tiere im Herkunftsgebiet gelten, denn glücklicherweise konnte der Bestand von *Acratophis dumerili* in den letzten Jahren, vor allem durch private Züchter in Deutschland, deutlich erhöht werden. Foto: Broghammer

so wie *Acrantophis dumerili* und *Acrantophis madagascariensis* durch die Zerstörung ihres Lebensraums durch den Menschen vom Aussterben bedroht. Auch sie ist deshalb im Anhang I des Washingtoner Artenschutz Übereinkommens aufgeführt.

Die Sanzinia wird etwa 2,5 m lang und ist das madagassische Gegenstück zur südamerikanischen Hundskopfboa, *Corallus enydris*.

Die Grundfarbe variiert von grau über braun bis olivgrün. Die Jungtiere der „grünen" Variante kommen in einem wundervollen Rot zur Welt und nehmen dann zwischen dem sechsten und zwölften Lebensmonat die Färbung der adulten Exemplare an. Daß die Jungtiere eine andere Färbung aufweisen, als die adulten Exemplare, ist bei der Mehrheit der baumbewohnenden Schlangen der Fall. Ein typisches Beispiel dafür ist der Grüne Baumpython, *Chondropython (Morelia) viridis*. Dazu später mehr.

Die Sanzinia ist außerordentlich schwer nachzuzüchten. Nach einer Tragezeit von fünf bis acht Monaten (wahrscheinlich abhängig von der Haltungstemperatur) bringt sie meistens zwischen fünf und zehn Junge zur Welt. Ein wesentlicher Faktor für den Zuchterfolg scheint bei der Madagassischen Hundskopfboa die Einhaltung einer Winterruhe zu sein. Dazu wird die Temperatur von Ende Mai bis Ende Juli auf 17 bis 20 °C, bei reduziertem Tageslicht gesenkt.

Im Terrarium wird diese *Sanzinia madagascariensis* vergeblich auf einen vorbeifliegenden Vogel warten. In der freien Natur jedoch hat diese Lauerstellung sicherlich eine nicht geringe Trefferquote. Foto: Stöckl

Sie können natürlich auch versuchen, die Tiere auf unseren Winter „umzustellen“ und die entsprechende Ruhephase auf November bis Dezember zu legen. Ob das bei dieser sehr heiklen Art funktioniert, bleibt dahingestellt. Die mageren Zuchtergebnisse in Deutschland sprechen eher dagegen.

Leider kann die braune Regenbogenboa in ihrem Aussehen dieser roten Regenbogenboa, *Epicrates cenchria cenchria,* in keinster Weise das Wasser reichen.
Foto: Stöckl

Epicrates cenchria cenchria (LINNAEUS, 1758)
Rote Regenbogenboa
Verbreitungsgebiet: Brasilien, Guyana, Venezuela
Paarungszeit: November bis Februar, Mai bis Juli

Von *Epicrates cenchria* gibt es insgesamt neun Unterarten. Wir wollen uns auf die beiden bekanntesten beschränken. Die wohl schönste Vertreterin dieser Art ist die Rote Regenbogenboa, *Epicrates cenchria cenchria*. Die meist rot gefärbte, relativ schlanke Boa wird bis zu 2 m lang und schillert bei Lichteinfall in allen Regenbogenfarben (daher auch der Name). Dies ist bei dieser Art durch die besonders glatten Schuppen bedingt.

Die Tragezeit der Roten Regenbogenboa beträgt etwa fünf Monate. Im Schnitt bringt sie zwischen zehn und 20 Junge zur Welt. Unbefruchtete Eier, tote oder stark geschädigte Junge werden von der Mutter kurz nach der Geburt zur

Diese braune Regenbogenboa, *Epicrates cenchria maurus*, hat sich gerade frisch gehäutet. Foto: Broghammer

Energierückgewinnung aufgefressen. Es gibt mehrere Berichte über eine Hautkrankheit, die relativ häufig Jungschlangen von *Epicrates c. cenchria* befällt: Die Tiere sehen aus, als ob sie in der Häutung wären, sind es aber nicht. Es erfolgt auch keine Häutung, sondern die Haut platzt auf, so daß das rohe Fleisch sichtbar wird. In den meisten Fällen führt diese Erkrankung zum Ableben der Tiere.

Der Auslöser ist (noch) nicht genau bekannt. Zu trockene Haltung oder falscher Bodengrund (wir empfehlen hier Erde) scheint eine Rolle zu spielen.

Als einzig wirksame Therapie hat sich die Gabe von Vitamin A erwiesen. Sie führt manchmal zur Genesung.

Epicrates cenchria maurus

(LINNAEUS, 1758)

„Braune" Regenbogenboa

Verbreitungsgebiet: Kolumbien, Costa Rica, Venezuela, Guyana

Paarungszeit: September bis Februar

Dies ist die am häufigsten gehaltene Regenbogenboa. Im Temperament etwas friedlicher als ihre rote Schwester, kann sie jedoch mit deren Aussehen in keinster Weise mithalten.

Während bei den Jungtieren von *Epicrates cenchria maurus* die Zeichnung noch gut sichtbar ist, verschwindet sie mit fortschreitendem Alter immer mehr und übrig bleibt nur noch eine wenig attraktive braune Schlange.

Ebenso wie *Epicrates c. cenchria* hält sich die „Maurus" sowohl am Boden, als auch auf Bäumen auf, da sie ein exzellenter Kletterer ist. Gelegentlich findet sie sich auch auf von Menschen bewirtschafteten Feldern und Plantagen.

Sowohl die Rote Regenbogenboa, als auch ihre braune Schwester ernähren sich von Vögeln und kleineren Säugetieren und gehen auch in der Gefangenschaft willig ans Futter. Bis auf die vorher erwähnte Hautkrankheit ist *Epicrates cenchria* in der Haltung relativ problemlos und gut nachzuzüchten. TRUTNAU berichtet über eine *E. c. maurus*, die unter menschlicher Obhut 27 Jahre alt wurde.

Eunectes murinus (LINNAEUS, 1758)
Große Anakonda
Verbreitungsgebiet: Nördliches Südamerika: Kolumbien, Brasilien, Peru, Ecuador, Venezuela, Guyana, Trinidad.
Paarungszeit: März bis Juli
Die Große Anakonda (engl.: Green Anaconda) ist zusammen mit dem Netzpython der Gigant unter den Riesenschlangen. Als hervorragende Schwimmerin findet sie sich meist in der Nähe von Gewässern. Deshalb sind neben verschiedenen Säugetieren auch Fische und junge Kaimane auf ihrem Speisezettel zu finden.
Wie alle Boaschlangen bringt die Anakonda lebende Junge zur Welt, die bei der Geburt schon circa 70 cm lang sind. *Eunectes murinus* kann eine Länge von 9 m und mehr erreichen. Dies sind jedoch Ausnahmetiere, in der Regel bringen es adulte Exemplare auf etwa 6 m.
Schon aus der Größe dieser Schlange ergibt sich, daß eine private Haltung unter artgerechten Bedingungen kaum möglich ist. Zudem gilt *Eunectes murinus* als ausgesprochen aggressiv. Wer sich trotzdem in den Kopf setzt, eine Große Anakonda zu halten, sollte nicht zwei Exemplare in einem Terrarium zusammensperren, da auch hier Fälle von Kanibalismus bekannt geworden sind.

Eunectes noteus COPE, 1862
Gelbe Anakonda
Verbreitungsgebiet: Südbrasilien, Bolivien, Paraguay, Nordargentinien

Deutlich ist auf diesem Bild zu sehen, daß bei der Gelben Anakonda als Wasserbewohnerin die Augen nicht seitlich, sondern nach oben ausgerichtet sind. Wenn sie an der Wasseroberfläche schwimmt, braucht nur ein kleiner Teil des Kopfs herauszuragen.
Foto: Stöckl

Paarungszeit: September bis Februar
Wie ihre große Schwester ist auch die gelbe Anakonda am und im Wasser zu finden. *Eunectes noteus* bleibt mit einer durchschnittlichen Länge von etwa 3–3.5 m deutlich kleiner als die Große Anakonda. Allerdings können einzelne Exemplare bis zu 5 m und mehr erreichen.

Eunectes noteus ist erhebliche Temperaturschwankungen gewöhnt und verträgt sogar eine Nachtabsenkung auf bis zu 15° C.

Neben reichlich aggressiven Exemplaren gibt es Trutnau zufolge auch welche, die sich von Anfang an gutmütig verhalten und handzahm werden. Für den Terrarianer, der gerne eine Anakonda halten möchte und über genügend Platz verfügt, ist die Gelbe Anakonda wohl die bessere Wahl, zumal sie sich in der Auswahl des Futters nicht heikel zeigt. Allerdings stoppen manche Exemplare im Winter die Nahrungsaufnahme. Womöglich hängt das mit der Winterruhe in ihrem Verbreitungsgebiet zusammen.

Eunectes noteus bringt ebenfalls lebende Junge zur Welt. Die Dauer der Trächtigkeit kann (je nach Haltungstemperatur) fünf bis neun Monate betragen.

Candoia bibroni

(DUMÉRIL & BIBRON, 1844)
Pazifik Boa
Verbreitungsgebiet: Diverse Inseln im Südpazifik, Ceram, Melanesien, Polynesien
Paarungszeit: März bis Mai
Von den verschiedenen *Candoia* - Arten (auf die wir nicht näher eingehen möchten) ist *Candoia bibroni* mit einer Länge von bis zu 2 m die größte.

Die Gelbe Anakonda bleibt mit einer durchschnittlichen Länge von 3.5 m wesentlich kleiner als ihre große Schwester *Eunectes noteus*. Manche Tiere werden sogar handzahm, so daß sie sich für die private Haltung eignen. Voraussetzung ist jedoch ein geräumiges Behältnis mit einem großen Wasserbecken.
Foto: Stöckl

Die Pazifikboa lebt im Regenwald, wo sie sich gerne auf Bäumen aufhält. Dementsprechend ist bei der Terrarienhaltung sowohl für eine relativ hohe Luftfeuchtigkeit (etwa 75 %), als auch für Kletteräste im Terrarium zu sorgen. Sie sollten sich vor dem Erwerb dieser Art aber im Klaren sein, daß Sie keine Streichelschlange bekommen: *Candoia bibroni* ist ausgesprochen aggressiv und bissig.

Die Pazifikboa benötigt als Bewohnerin des Regenwalds eine relativ hohe Luftfeuchtigkeit. Sie sollten sich auch vor dem Erwerb dieser Art im Klaren sein, daß Sie keine Streichelschlange bekommen. Diese Art ist ausgesprochen aggressiv und bissig. Foto: Stöckl

Besonders interessant ist bei den Pazifikboas die Abwehrhaltung: Sie ähnelt der einer Kobra (Aufrichten des vorderen Körperviertels, wobei sie den Nacken spreizt und abplattet).

In den Morgenstunden soll *Candoia bibroni* wesentlich heller sein, als im weiteren Verlauf des Tags, wenn sie sich dunkler färbt (TRUTNAU, 1979).

Die Trächtigkeitsdauer beträgt etwa sechs Monate. Es kommen maximal 20 Junge zur Welt, die in der Regel schlecht ans Futter gehen. Mit kleinen Fröschen oder Geckos wurden hier schon Erfolge erzielt. Ansonsten nehmen adulte Exemplare Hamster und Mäuse.

Ein *Corallus caninus* aus Brasilien. Hundskopfschlinger aus diesem Verbreitungsgebiet lassen sich an der durchgehenden weißen Linie auf dem Rücken erkennen. Foto: Stöckl

Corallus caninus (LINNAEUS, 1758)
Grüner Hundskopfschlinger
Verbreitungsgebiet: Guyana, Brasilien, Bolivien, Peru
Paarungszeit: Januar bis Juli

Corallus caninus ist ein reiner Baumbewohner und mit seinen langen Fängen auf das Erbeuten von fliegendem Getier spezialisiert. So stehen neben Vögeln auch Fledermäuse auf der Speisekarte der wunderschönen, smaragdgrünen Schlange. Der Hundskopfschlinger wird im Schnitt zwischen 1,50 m und 1,80 m lang. Brasilianische „Caninus" können noch etwas größer werden. Sie unterscheiden sich von jenen aus den anderen Verbreitungsgebieten vor allem durch einen weißen Längsstreifen, der die weiße Musterung auf der Körperoberseite miteinander verbindet.

Im Regenwald beheimatet, verlangt der Hundskopfschlinger bei der Haltung in Gefangenschaft eine Luftfeuchtigkeit von mindestens 75 %. Desweiteren ist Stauluft im Terrarium zu vermeiden. Ohnehin geht ihm der Ruf voraus, ein besonders heikler Pflegling zu sein. Die Todesrate in Gefangenschaftshaltung bei dieser Art ist sehr hoch. Insbesondere Wildfänge kommen oft völlig ausgetrocknet und mit Maulfäule beim „Endverbraucher" an. Meist können sie nicht mehr gerettet werden. Bei Nachzuchten sieht es etwas besser aus, aber trotzdem ist *Corallus caninus* nicht für Anfänger geeignet, da selbst Profis unter den Riesenschlangenhaltern die hohe Letalitätsrate beklagen. Nach einer Tragezeit von vier bis sieben Monaten bringt das Weibchen zwischen fünf und zehn (manchmal auch etwas mehr) Junge zur Welt, die es einfach aus der Kloake vom Ast fallen läßt. In der freien Natur fängt das Blätterdach des Regenwalds den

Sturz der rostbraun gefärbten Babys ab. Im Terrarium hat der Schlangenhalter auf andere Weise (z. B. durch ein Netz) dafür zu sorgen, daß die Landung nicht zu hart wird. Die Umfärbung der Jungen erfolgt innerhalb des ersten Lebensjahrs und dauert etwa drei Monate.

Ein letzter Tip noch: Sie sollten auf alle Fälle vermeiden, von *Corallus caninus* gebissen zu werden. Die Fangzähne eines adulten Exemplars sind lang genug, Ihren Handrücken fast komplett zu durchbohren.

Pythonschlangen (*Pythoninae*)

Verlassen wir die Boas und wenden uns nun den eierlegenden Pythons zu. Hier sind folgende Gattungen bekannt: *Aspidites* (Schwarzkopfpythons), *Calabaria* (Erdpythons), *Chondropython* (Baumpythons), *Liasis* (Australische Felsenpythons), *Loxocemus* (Spitzkopfpythons) und last, but not least *Python* (Pythons).

Python reticulatus (SCHNEIDER, 1801)

Netzpython

Verbreitungsgebiet: Myanmar, Thailand, Laos, Vietnam, Kambodscha, Philippinen

Paarungszeit: September bis November

Wie vorher schon erwähnt, ist der Netzpython zusammen mit der Anakonda im Wettstreit um das Prädikat „größte Riesenschlange der Welt". *Python reticulatus* kann in Ausnahmefällen bis zu 10 m lang werden. Seine durchschnittliche Länge liegt bei fünf bis sechs Meter. Deutlich schlanker als die Anakonda, erreicht er nicht deren Gewicht.

Der Netzpython ist sowohl im dichten, feuchtwarmen Regenwald, als auch teilweise in besiedelten Gebieten, wie in den Vorstädten von Bangkok anzutreffen. Auf seinem Speiseplan stehen Säugetiere und Vögel bis zur nicht unerheblichen Größe von Hunden und Enten.

Python reticulatus legt nach einer Trächtigkeit von 60 bis 80 Tagen bis zu 100 Eier. Diese werden von der Mutter mit rhythmischen Muskelkontraktionen bebrütet. Nach circa 100 bis 110 Tagen schlüpfen dann die Jungen. Die Aufzucht ist völlig problemlos, denn die Netzpythonbabies sind gierige Fresser.

Berüchtigt ist die Aggressivität von *Python reticulatus*. Ein Halter dieser Art

Ein adultes Netzpythonweibchen. Niemals sollten Sie sich alleine in den Einwirkungsbereich einer Schlange dieser Größe begeben. *Python reticulatus* ist für seine Aggressivität berüchtigt.

erzählte uns, daß sein Tier in der Lage ist, schlagartig in eine ganz andere als seine Blickrichtung zu schnellen und zuzubeißen. Dies macht den Netzpython besonders gefährlich und unberechenbar. Es soll allerdings nicht verschwiegen werden, daß es auch handzahme Exemplare gibt.

Python molurus bivittatus

KUHL, 1820
Dunkler Tigerpython
Verbreitungsgebiet: Pakistan, Nepal, Indien, Sri Lanka, Südchina, Myanmar, westliches Indonesien
Paarungszeit: Oktober bis Februar
Der Dunkle Tigerpython ist in seinem Verbreitungsgebiet nicht an bestimmte Habitate gebunden. Im Regenwald ist er genauso zu Hause wie im felsigen Hügelland, vorausgesetzt es findet sich Wasser in der Nähe.
Die durchschnittliche Länge von adulten Weibchen liegt bei 4,5 m. Einzelne Exemplare können über 6 m erreichen. Dank dieser Maße und seinem äußerst massigen Körperbau gehört *Python molurus bivittatus* zu den beeindruckendsten Riesenschlangen überhaupt.
Bei Färbung und Zeichnung gibt es eine große Spannbreite. Sie reicht von cremefarben bis nußbraun. Es treten sogar einfarbige Exemplare auf. Besonders begehrt waren (und sind zum Teil heute noch) albinotische Exemplare, die mittlerweile auch in größerer Zahl verfügbar sind. Der dunkle Tigerpython ist ein anspruchsloser Pflegling und für seine robuste Konstitution bekannt. Keine Schwierigkeiten bereitet in der Regel die Nachzucht. Etwa drei Monate nach der erfolgreichen Befruchtung erfolgt die Eiablage. Die Anzahl der Eier steigt mit der Größe des Weibchens. Philippe De VOSJOLI berichtet in seinem Buch „The General Care and Maintenance of Burmese Pythons“ von einem Rekordgelege mit 107 Eiern!
Das Bebrüten nimmt nochmal etwa

Bei beiden Tieren handelt es sich um *Python molurus bivittatus,* also um dunkle Tigerpython. Eine erbliche Störung bewirkt den Albinismus. Dieser Defekt wird an die Nachkommen weitergegeben. Foto: Broghammer

drei Monate in Anspruch. Hierbei sorgt das Weibchen durch Muskelkontraktionen dafür, daß die Temperatur des Geleges um 6 bis 10 °C über jener der Umgebungstemperatur liegt.
Von den wirklich großen Riesenschlangen ist der Dunkle Tigerpython die sanftmütigste. Deshalb ist es auch sein Schicksal, oftmals als Schauobjekt in Wanderzirkussen ein trauriges Dasein zu führen oder in zweifelhaften Lokalen von Schlangentänzerinnen präsentiert zu werden. Nichtsdestotrotz kommt es auch bei den zahmsten Exemplaren vor, daß sie einmal einen schlechten Tag haben oder durch irgend etwas erschrecken. Wir erhielten einmal Besuch von Schlangenhaltern aus dem Osten unserer Republik, von denen einer erhebliche Narben im Gesicht hatte. Dieser Mann, der schon seit 15 Jahren große Tigerpythons pflegte, war von einem sonst völlig zahmen Exemplar angefallen und ins Gesicht gebissen worden. Seinen Freunden gelang es nur unter Einsatz eines großen Schraubenziehers, dem Reptil das Maul zu öffnen.
Abschließend noch ein Appell an die Vernunft: Bitte überlegen Sie es sich gut, bevor Sie einen Dunklen Tigerpython kaufen. Diese Tiere werden wirklich sehr, sehr groß und massig. Was jetzt noch als kleines Würmchen mit 150 Gramm im Plastikbecken kriecht, kann in fünf Jahren schon 4 m lang und knapp einen Zentner schwer sein. Haben Sie auch dann noch Platz dafür? Die zoologischen Gärten werden dankend ablehnen, wenn Sie ihnen das Tier antragen. Es sollte nicht so sein wie in einer süddeutschen Stadt vor einigen Jahren, daß der „Bivittatus“ im Winter hartgefroren in einer großen Schachtel am Flußufer gefunden wird!

Python molurus molurus

(LINNEUS, 1758)
Heller Tigerpython
Verbreitungsgebiet: Indien, Westpakistan, Nepal, Sri Lanka

Der helle Tigerpython wird nicht ganz so groß wie sein naher Verwandter *Python molurus bivittatus.* Deshalb ist er beim Schlangenkauf die bessere Wahl, wenn es unbedingt ein Tigerpython sein soll. Foto: Broghammer

Paarungszeit: Oktober bis Februar
Der Helle Tigerpython bleibt mit einer durchschnittlichen Länge von etwa 3.5 m (die Rede ist von einem adulten Weibchen) deutlich kleiner als der Dunkle. Ferner weist *Python molurus molurus* eine hellere Grundfärbung (wie der Name schon sagt) und auch eine elegantere Kopfform auf. Als vom Aussterben bedroht wird er im Anhang I des Washingtoner Artenschutzübereinkommens geführt.
Die auf Sri Lanka vorkommende Inselform des Hellen Tigerpythons wird von manchen Taxonomen als *Python molurus pimbura* geführt. Diese Einordung konnte sich jedoch bisher nicht durchsetzen. Die Festlandsform des Hellen Tigerpythons unterscheidet sich von der Inselform durch die Anzahl der Voraugenschilder: *Python molurus molurus* hat drei, *Python molurus pimbura* nur zwei (Dr. GRUBER, Zoologische Staatsammlung München, pers. Mitteilung). Ferner wird den Sri Lanka-Tieren ein aggressiveres Verhalten nachgesagt.
Die Haltungs- und Zuchtbedingungen von „Molurus“ und „Bivittatus“ sind identisch. Von unvernünftigen Züchtern wurden eine Menge Bastarde produziert, so daß heutzutage reinrassige Helle Tigerpathons fast nur noch im entsprechenden Verbreitungsgebiet zu erhalten sind.

Python regius (SHAW, 1802)
Königs- oder Ballpython
Verbreitungsgebiet: West- und Zentralafrika
Paarungszeit: Oktober bis Februar
Den Namen Ballpython hat diese ausgesprochen hübsche Schlange wegen ihrer Vorliebe erhalten, sich bei Gefahr zu einer Kugel zusammenzurollen und den Kopf im Zentrum zu plazieren.
Python regius gehört zu den beliebtesten hierzulande gehaltenen Riesenschlan-

gen. Grund hierfür sind seine relativ bescheidenen Abmessungen (im Schnitt wird er nicht größer als etwa 120 cm), sein friedfertiges Temperament (auch hier sind Ausnahmen möglich) und der geringe Preis, für den er zu haben ist.

Letzteres macht den Königspython wohl zum ärmsten Würstchen unter den Riesenschlangen. Als typische Anfängerschlange (obwohl der Königspython unseres Erachtens nicht für Anfänger geeignet ist) kommt er häufig in die Hände von Leuten, die es nicht für nötig halten, sich vorher über das Tier, das sie pflegen wollen, kundig zu machen. So mußten wir mitansehen, wie ein *Python regius* zusammen mit hiesigen Nattern überwintert wurde. Wie das ausging, können Sie sich denken. Aber auch die übelste Klientel unter den „Schlangenhaltern", jene, die solche Tiere dazu benutzen, um ihre Minderwertigkeitskomplexe zu kompensieren, bedient sich gerne des Königspythons. So landeten einige Exemplare bei einer Süddeutschen Rockergang, die sie sich „just for fun" beim Motorradfahren um den Hals hingen. Auch ist uns der Fall eines Punks bekannt, der seinen Ballpython mit ins Wirtshaus nahm und den anderen Gästen auf den Tisch warf, um sie zu erschrecken.

Dieser Königspython mit einer Fehlzeichnung wärmt sich ein wenig in der Sonne. Er hatte Glück, denn die meisten seiner Artgenossen sind Wildfänge, die entweder schon beim Import oder kurze Zeit später beim Käufer sterben.
Foto: Knietsch

Es ist der Traum eines jeden Fan von Baumpythons, einen blauen „Chondro" zu besitzen. Was zu dieser Umfärbung führt, ist nicht eindeutig geklärt. Sie kommt jedoch äußerst selten vor.
Foto: Stöckl

Daß die Tiere bei einer solchen Vorgehensweise keine lange Lebenserwartung haben, dürfte klar sein. Doch das ist kein Problem: Bei den paar Mark, die ein Königspython kostet, kauft man sich doch einfach einen neuen.

Betrachtet man die Anzahl der aus der Natur entnommenen *Python regius* fragt man sich, wie lange es in der freien Natur noch welche gibt.

Auch beim Königspython raten wir davon ab, Wildfänge zu kaufen. Die Importtiere kommen häufig schon krank und abgemagert an. Oftmals sind es Futterspezialisten (Renn- und Springmäuse der Gattung *Gerbillus*), die hartnäckig bis zum Tod alles in Gefangenschaft angebotene ablehnen. Zwei Ballpythons nahmen in einem englischen Zoo erst nach 22 Monaten das erste Futter zu sich. Haben Sie Lust, so lange zu warten?

Python regius legt bis zu acht Eier (im Schnitt fünf). Der Schlupf erfolgt nach etwa zwei Monaten. Er wurde bisher in Deutschland noch nicht sehr häufig nachgezogen. Die Jungen sind beim Schlupf zwischen 23 und 43 cm groß und fressen nach der ersten Häutung nestjunge Mäuse.

Nachzuchten von *Python regius* sind in der Haltung wesentlich unproblematischer als Wildfänge. Deshalb nochmals unser Rat: Bitte kaufen Sie keine Importtiere.

Chondropython (Morelia) viridis

(SCHLEGEL, 1872)
Grüner Baumpython
Verbreitungsgebiet: Neuguinea, , Nordaustralien (Kap York), Schouten-Inseln, Aru-Inseln
Paarungszeit: Das ganze Jahr, Schwerpunkt von September bis Dezember

Der Grüne Baumpython zählt wegen seiner wunderschönen, smaragdgrünen Färbung sowie dem Umstand, daß er sich nie verkriecht und immer gut zu sehen ist, zu den beliebtesten Terrarientieren. Mit einer durchschnittlichen Größe von 1,5 m ist er auch gut unterzubringen. Trotzdem empfiehlt sich dessen Erwerb nur für erfahrene Schlangenhalter.

Chondropython (Morelia) viridis ist ein Baumbewohner. Sein langer Greifschwanz hilft ihm beim Festhalten im Geäst und die smaragdgrüne Tarnfärbung macht es seinen Beutetieren (überwiegend Vögel, aber auch Kleinsäuger und Echsen, sowie Frösche) schwer, ihn rechtzeitig im Blätterdach zu erkennen. In Ruhestellung liegt der Baumpython symmetrisch über einem Ast, den Kopf frei beweglich in der Mitte. Gerät ein unvorsichtiger Vogel in seine Reichweite, so schnellt *Chondropython (Morelia) viridis* nach vorne und packt die Beute mit seinen langen Fangzähnen.

Der Grüne Baumpython hat eine so verblüffende Ähnlichkeit mit dem südamerikanischen Hundskopfschlinger, daß es einem Laien schwerfällt, die beiden Arten auseinderzuhalten. Ebenso wie *Corallus caninus* ist der „Chondro", wie er von seinen Anhängern liebevoll genannt wird, ein sehr heikler Pflegling. Er erwartet eine Luftfeuchtigkeit von mindestens 75 %, was natürlich auch das Wachstum pathogener Keime im Terrarium begünstigt. Entsprechend hoch ist die Letalitätsrate dieser Tiere. Auf jeden Fall ist auch hier von Wildfängen abzuraten.

Chondropythons viridis legt nach einer Tragezeit von etwa 100 bis 110 Tagen (vom Zeitpunkt des Eisprunges gerechnet) bis zu 25 Eier, aus denen nach etwa 50 Tagen die Jungen schlüpfen. Diese sind zunächst zitronengelb, ziegelrot oder braun gefärbt. Ende des ersten Lebensjahrs erhalten die Jungen dann die smaragdgrüne Färbung der adulten Tiere. Ein nicht geringer Teil der Chondrobabys weigert sich hartnäckig, ans Futter zu gehen. Diese müssen dann mühselig mit neugeborenen Mäusen gestopft werden. Später entwickeln sich die Jungen zu wahren Freßmaschinen und gehen gierig ans Futter. Vereinzelt sind auch bei dieser Art schon Fälle von Kanibalismus vorgekommen, weshalb sich Einzelhaltung empfiehlt.

Besondere Vorsicht ist geboten, wenn nachts im Terrarium hantiert wird. Hier zeigt sich *Chondropython (Morelia) viridis* oft aggressiv. Deshalb sollten die täglichen Reinigungs- und Pflegearbeiten noch vor dem Ausschalten der Beleuchtung durchgeführt werden. Untertags verhält sich der Baumpython meist ruhig und passiv.

Python anchietae BOCAGE, 1887

Angolapython

Verbreitungsgebiet: Nordnamibia und Südangola

Paarungszeit: Oktober bis Februar

Wenn Sie in ihrem Leben mal ein solches Tier zu Gesicht bekommen, haben Sie wirklich Glück gehabt, denn es handelt sich hier um eines der am seltensten im Terrarien gehaltenen Riesenschlangen. Liebhaber zahlen bis zu

Es gibt in Deutschland nur eine handvoll Angolapythons, und es ist auch nicht damit zu rechnen, daß sich ihre Zahl in nächster Zeit sprunghaft vermehrt, da *Python anchietae* nur etwa fünf bis sieben Eier legt.
Foto: Stöckl

35.000 DM pro Tier (sie haben schon richtig gelesen!). In Größe, Körperform und teilweise auch im Verhalten (z. B. Zusammenballen bei Gefahr) ähnelt *Python anchietae* dem Königspython. Der Angolapython erreicht in der Regel nur eine Länge von etwa 130 cm. Etwa 65 bis 75 Tage nach der Eiablage (ein Gelege besteht in der Regel aus fünf bis sieben Eier) schlüpfen die Jungen.
Python anchietae ist keine Schlange aus dem Regenwald. Er bevorzugt, trockene felsige Gebiete und die Steppenlandschaft. In freier Natur ernährt er sich von Kleinnagern und Vögeln. Auch in Gefangenschaft ist er nicht heikel und geht gut ans Futter. Fast möchte man sagen: zu gut, denn ehe man sich versieht, hat man ihn überfüttert und er ist zu dick. Der Angolpython hat ein freundliches Wesen und verhält sich auch bei grober Störung meist friedlich.

Python curtus SCHLEGEL, 1872
Blutpython

Verbreitungsgebiet: Thailand, Malaysia, Borneo und Sumatra
Paarungszeit: Dezember bis März
Der Blutpython ist ein Bewohner des Regenwalds und findet sich dort meist in der Nähe von Wasserläufen. In der Regel wird er zwischen 1.50 m und 1.80 m groß, es soll aber auch Exemplare geben, die bis zu drei Meter erreichen (wir haben noch keines gesehen).
Auf seiner Speisekarte stehen Vögel und Nagetiere, bevorzugt Ratten. Von Natur aus ist er bissig und reagiert aggressiv auf Störungen. In der Terrarienhaltung ist auf hohe Luftfeuchtigkeit (um die 75 %) und konstante Temperaturen (zwischen 28 ° und 32 °C) zu achten, da er als heikler Pflegling äußerst empfindlich auf, von seiner Heimat abweichende, klimatische Bedingungen reagiert.
Nicht einfach ist auch die Geschlechtsbestimmung bei *Python curtus*. Die Männchen sind in der Lage, das Vordringen der Sonde in die Hemipenistasche durch Kontraktion ihrer sehr ausgeprägten Schwanzmuskulatur zu hemmen und werden somit oft irrtümlich als Weibchen sondiert.
Bei einer erfolgreichen Paarung erfolgt nach 60 Tagen die Ablage von zehn bis

Blutpythons sind ebenso aggressiv wie gefräßig. Es ist darauf zu achten, sie nicht zu überfüttern, da sie zur Fettleibigkeit neigen. Eine grazile Schlange wird *Python curtus* aufgrund seines gedrungenen Körperbaus ohnehin nie sein.
Foto: Stöckl

15 Eiern. Die Weibchen sorgen während des Brutvorgangs durch Muskelkontraktionen für eine Thermoregulation. Nach weiteren 60 bis 75 Tagen schlüpfen die Jungen. Die Blutpythonbabies häuten sich erst zwei bis drei Monate nach der Geburt. Deshalb kann schon vorher Futter angeboten werden.

Aspidites melanocephalus (KREFFT, 1864)

Schwarzkopfpython
Verbreitungsgebiet: Nord- und Nordostaustralien
Paarungszeit: Dezember bis Februar
Dieser exotisch aussehende Python hat den Namen von seinem pechschwarzen Kopf, der sich kaum vom Hals absetzt. *Aspidites melanocephalus* wird bisher nur selten gehalten und nachgezüchtet. Er bevorzugt als Lebensraum trockenes Buschland und offene Wälder mit steinigem Untergrund. Der Schwarzkopfpython ist ein typischer Bodenbewohner, der zwischen den Felsen herumkriecht und kaum auf Bäume klettert.
Aspidites melanocephalus erreicht eine Länge von circa 2,50 m. Bevorzugt ernährt er sich von Schlangen, auch von in seinem Verbreitungsgebiet vorkommenden Giftnattern. Gegen deren Biß scheint der Schwarzkopfpython weitgehend immun zu sein. Auch Echsen, vor allem Bartagamen, stehen auf seinem Speiseplan. Aufgrund der kanibalistischen Neigung verbietet sich bei dieser Art die Haltung mehrerer Tiere in einem Terrarium; es sei denn zwei annähernd gleich große Exemplare während der Paarungszeit. Im Erfolgsfall legt *Aspidites melanocephalus* meist um die sieben Eier, höchstens zwölf. Die Brut-

Aspidites melanocephalus darf nur einzeln gehalten werden, da er sich mit Vorliebe von Schlangen ernährt und somit auch vor Artgenossen nicht Halt macht. Deshalb muß auch dieses wenige Monate alte Schwarzkopfpython – Baby schon in „Einzelhaft“. Foto: Stöckl

dauer liegt zwischen 62 und 86 Tagen, manchmal sogar noch etwas länger. Die Jungen sind im Verhältnis zu den Eltern relativ groß und gehen oftmals nicht gut ans Futter. Dies mag an der Vorliebe dieser Art für Schlangen und Echsen liegen.

Aspidites ramsayi (MACKLEAY, 1882)
Woma

Verbreitungsgebiet: Australien, Queensland bis Neu-Südwales
Paarungszeit: April bis Juli

Der Lebensraum des Woma schließt sich südlich an das Verbreitungsgebiet des Schwarzkopfpythons an. Bevor *Aspidites ramsayi* als eigene Art anerkannt wurde, führten ihn die Taxonomen als Unterart des Schwarzkopfpythons, *Aspidites melanocephalus ramsayi*.

Der Woma gleicht seinem nördlichen Verwandten, wird aber etwas größer (bis zu 3,50 m), hat keinen schwarzen Kopf und eine andere Färbung (bräunlich, braunrot oder grau). Hauptsächlich ist dieser Python in Halbwüsten anzutreffen. Die Haltungs- und Zuchtbedingungen des Woma gleichen jenen des Schwarzkopfpythons.

Morelia spilota spilota (LACEPÉDE, 1804) – Diamantpython

Verbreitungsgebiet: Australien, Neu Südwales
Paarungszeit: November bis März

Dieser sehr selten in Terrarien gehaltene Python kann eine Länge von etwas über drei Meter erreichen. Er ist in feuchten Waldgebieten, aber auch in der Nähe von menschlichen Ansiedlungen zu finden, wo sie sich von Ratten und Mäuse ernähren. In seiner natürlichen Umgebung fallen die Temperaturen nachts oftmals bis auf 10 °C ab. So nutzt der Diamantpython sonnige Stunden am Tag, um sich aufzuwärmen. Es wird berichtet, daß auch trächtige Weibchen ihr Gelege verlassen, um sich aufzuwärmen und dann die Eier wieder besser bebrüten zu können. Dies stellt eine weitere Form der aktiven Thermoregulation dar. Nach etwa 60 bis 80 Tagen schlüpfen die Jungen. In der Terrarienhaltung ist für eine kräftige Absenkung

der Nachttemperatur zu sorgen. Desweiteren sollten Sie im Terrarium die jahreszeitlichen Temperaturschwankungen im Herkunftsland so gut wie möglich simulieren.
Allgemein ist der Diamantpython als heikler Pflegling verschrien. Dies mag vor allem daran liegen, daß fast nur Importtiere verfügbar sind.

Oben: Der Woma wurde noch vor einiger Zeit als *Aspidites melanocephalus ramsayi* geführt. Mittlerweile ist sein Status als eigene Art unbestritten.

Links: Ein Schmuckstück, das seinen Namen nicht zu Unrecht trägt, ist der Diamantpython.
Fotos: Stöckl

Morelia spilota variegata GRAY, 1842
Teppichpython
Verbreitungsgebiet: Australien, Küstengebiete von Neu-Südwales und Ost-Viktoria, aber auch im Landesinneren, sowie Neuguinea
Paarungszeit: November bis März
Der Teppich- oder Rautenpython, wie er auch noch genannt wird, ist ein Bewohner von feuchten und teilweise dicht bewaldeten Gebieten. Er ernährt sich von Vögeln, Beuteltieren, Kaninchen und Nagern. Auch er kann eine stattliche Länge (über drei Meter) erreichen.
Morelia spilota variegata wird bei uns wesentlich häufiger gehalten als der Diamantpython.
In der Pflege ist der Teppichpython etwas unkomplizierter als *Morelia spilota spilota,* da er keine wesentliche Nachtabsenkung und Simulation von jahreszeitlichen Temperaturunterschieden benötigt.
Morelia spilota variegata kann über 45 Eier legen, deren Bebrütung 50 bis 60 Tage dauert. Die Jungen verweigern oft das Futter und müssen gestopft werden.

Literatur

Der Teppichpython ist ein Bewohner von feuchten und teilweise dicht bewaldeten Gebieten in Neu-Südwales in Australien. Er kann eine Länge von über drei Meter erreichen. Foto: Prem

Die folgende Literatur wollen wir nicht nur als Quellenangabe verstanden wissen, sondern auch als Empfehlung für Leser, die ein weiterführendes Interesse an der Thematik haben.

DE VOSJOLI, P. 1990. The General Care and Maintenance of Red-tailed Boas. Lakeside, USA.

DE VOSJOLI, P., KLINGENBERG, R. & RONNE, J. 1998. The *Boa Constrictor* Manual – Advanced Vivarium Systems. Santee, USA.

FRYE, F. L. 2003. Reptilien richtig füttern. Stuttgart.

HACKBARTH, R. 1985. Krankheiten der Reptilien. Stuttgart.

ROSS, R. & MARZEC, G. 1994. Riesenschlangen Zucht und Pflege. Ruhmannsfelden.

STOOPS, E. & WRIGHT, A. 1994. Boas und Pythons Pflege und Zucht. Ruhmannsfelden.

STÖCKL, H. & E. 1996. Ratgeber Abgottschlangen *Boa constrictor*. Ruhmannsfelden.

TRUTNAU, L. 2002. Schlangen 1. Stuttgart.

WENGLER, W. 1994. Riesenschlangen. Münster.

Hier ein Erfahrungsbericht über die Anwendung des Präparates Boviserin® in der Riesenschlangenhaltung, den wir auf Anfrage des Herstellers (Hoechst Roussel Vet), verfaßt haben. Da wir der Meinung sind, daß er für den einen oder anderen Leser interessant sein könnte, haben wir ihn in gekürzter Form abgedruckt.

DIE GABE VON BOVISERIN® EIGNET SICH BEI FOLGENDEN ZUSTÄNDEN:

Bakterielle Infektionen des Gastrointestinaltraktes, insbesondere durch *Pseudomonas aeroginosa*

Schon im Anfangsstadium einer Infektion mit *Pseudomonas aeroginosa* oder *Proteus ssp.* verweigern Riesenschlangen die Nahrung und magern rasch ab. Als Ergänzung zur Antibiotikabehandlung nach Resistenztest hat sich die Gabe von 0,5 bis 1ml Boviserin, x 100 Gramm Schlange, höchstens jedoch 15 ml jeden zweiten Tag, über den Zeitraum von 14 Tagen, gut bewährt.

Ein oral wirksames Antibiotikum kann zusammen mit Boviserin, über eine Schlauchsonde verabreicht werden.

Die so behandelten Tiere magerten nicht weiter ab und begannen nach Ende der Antibiotikabehandlung früher mit der Futteraufnahme, als ich das ohne Boviserin® gewohnt war.

Verdauungsprobleme bei Jungschlangen, bedingt durch Insuffizienz des Verdauungsapparates

Jungschlangen neigen im ersten Lebensjahr dazu, verabreichtes Futter zu regurgitieren. Dies geschieht vermutlich, weil das in der Gefangenschaft angebotene Futter oft nicht dem entspricht, was die Tiere in freier Wildbahn fressen würden. Da der Verdauungsapparat bei Jungschlangen noch nicht so robust ist, kommt es deshalb oft zum Auswürgen der Nahrung und damit verbundenem Flüssigkeits- und Elektrolytverlust, der (nach mehreren Regurgitationen) zum Tod des Tieres führen kann. Hierzu ist auch zu sagen, daß der Verdauungsapparat mit jeder Regurgitation empfindlicher wird und die Jungschlange zum Schluß überhaupt nichts mehr behält.

Hier rettet Boviserin® das Leben des Tiers. Die Jungschlange wird mit Gaben von 1 bis 1,5 ml Boviserin, x 100 Gramm Körpergewicht jeden zweiten Tag per Schlauchsonde über 14 Tage hinweg ernährt. Danach ist der Zustand des Tieres so stabil, daß es nach einer Pause von zwei Wochen mit Nacktmäusen gefüttert werden kann und diese auch behält. Anschließend wird schrittweise wieder größeres Futter angeboten.

Appetitmangel und Kachexie

Insbesondere Wildfänge kommen oft in katastrophalem Allgemeinzustand beim Händler in Deutschland an. Die Tiere sind abgemagert, haben bakterielle Infektionen und weisen starken Parasitenbefall auf.

Nach tierärztlicher Versorgung wird trotzdem meist die Nahrung verweigert, da der Streß des Fangs, Transports und der medizinischen Behandlung sich auf die Bereitschaft der Tiere zur Nahrungsaufnahme verheerend auswirkt. Boviserin®, in der Dosierung wie unter Punkt 1, führt zu einer Stabilisierung des Körpergewichtes, unter Umständen sogar zu einer leichten Gewichtszunahme und fördert den Appetit der Tiere, so daß diese erfahrungsgemäß spätestens zehn Wochen nach der Behandlung wieder ans Futter gehen. Wenn der Allgemeinzustand des Tieres dies erfordert, kann die Boviseringabe nach einer Pause von 14 Tagen wiederholt werden.

Steigerung der Widerstandsfähigkeit gegen Infekte (dies ist jedoch ein subjektiver Eindruck und müßte erst durch Studien bewiesen werden).
Wie bereits erwähnt, glaube ich bei meinen Tieren eine erhöhte Widerstandsfähigkeit gegen Infekte festgestellt zu haben, seit ich Boviserin® durch Injektion in das Futtertier (1 – 3 ml jedes zweite Mal) supplementiere.
Dies ist jedoch ein subjektiver Eindruck und müßte erst in entsprechenden Studien nachgewiesen werden.

Besserung des Allgemeinzustands
Die oben beschriebene Ergänzung der Nahrung mit Boviserin, führt zu einer Steigerung des Allgemeinbefindens der Tiere. Es ist zu beobachten, daß die Schuppen schon nach kurzer Zeit mehr schillern und glänzen und die Farben der Tiere kräftiger werden, was einen guten Gesundheitszustand dokumentiert.

Vor kurzem haben die ersten Exemplare amelanistischer *Boa constrictor*, gemeinhin als Albinoboas bekannt, den Weg über den großen Teich nach Deutschland gefunden. Im Bild: *Boa constrictor*-Weibchen mit heterozygotem Männchen. Foto: Stöckl

Absender des hier abgedruckten e-mails vom November 98 ist Robert Meidinger. Er lebt in Costa Rica und betreibt dort den Reptilienzoo „World of Snakes“ in Grezia. Seine Zeilen sind ein erschütterndes Dokument darüber, wie Menschen mit der Schöpfung, insbesondere auch mit der Tierwelt umgehen:

Hallo,
bin gestern wieder aus Panama zurückgekommen. Habe auch B. c. sabogae *gefunden und natürlich mitgebracht.*
Habe zwei Tiere gefunden beides Weibchen mit ca. 120 cm Länge. Sind die ersten, die ich selbst gesehen habe und kann Dir jetzt auch sagen, daß sich diese Tiere in Zeichnung und Körperbau (vor allem Kopf) wirklich deutlich von den Festland-imperator-Populationen unterscheiden. Habe wie gesagt leider nur zwei Tiere gefunden, ich werde aber bald wieder fahren, um die Gruppe zu vergrößern (habe Genehmigung zum Fang von drei Pärchen).
Den Tieren geht es auf den Inseln dort – zumindest nach meiner Einschätzung – leider nicht so wirklich gut. Erstens sind diese Inseln ziemlich klein (die größte der Inseln wo ich war, umrundest Du zu Fuß in ca. 2 Stunden), und die Tiere sind dort genetisch betrachtet vollkommen isoliert. Das ist natürlich klar, sonst hätten sie sich ja nicht als eigene Unterart herausbilden können, aber diese Isolation in Verbindung mit dem Druck durch die Bevölkerung ist natürlich enorm. Die Einheimischen bringen jede Schlange sofort um, weil alle glauben, daß die Boa giftig ist. Und darüber hinaus waren die Leute auf der Insel bis vor kurzem reine Fischer, jetzt beginnen sie aber auf der Insel auch mit Landwirtschaft und damit Bäume fällen, etc. ...
Interessant ist auch, daß die Leute erzählen, daß die Boa dort nicht viel größer wird, als die Tiere, die wir gefunden haben, also vielleicht so circa 1,5 m. Ist vielleicht eine Anpassung an das Leben auf Zwerginseln, vielleicht ist aber auch das ständige Töten der Tiere schuld, daß sie nicht alt genug werden. Für ersteres Argument würde sprechen, daß die Tiere dort offensichtlich reine Baumbewohner sind, die Leute finden sie fast nie am Boden. Auch wir haben unsere beiden Tiere in Bäumen gefunden. Eine tagsüber, eine nachts. Den B. c. sabogae *geht es hervorragend. Sie fressen ohne Problem perfekt Ratten! Ich hätte mich auch nicht gewundert, wenn sie am Anfang etwas Schwierigkeiten gemacht hätten. Es wäre auch nicht verwunderlich gewesen, wenn sie in der Natur auf Vögel spezialisiert gewesen wären. Auch waren beide Tiere voll mit Zecken!! Aber wirklich voll. Leider weiß ich nicht, ob die Verletzungen durch den Überbesatz an Zecken verursacht werden, oder ob zuerst eine (blutende) Verletzung da war, und sich deshalb die ganzen Zecken dort angesammelt haben. Beides ist für mich vorstellbar, zumal ich das nicht zum ersten Mal bei Boas sehe. Ich habe auch hier noch nie eine andere Wildfangschlange gefunden, die so viele Zecken hat, wie es bei* B. c. *offensichtlich üblich ist. Bei den Saboga-Boas waren es bei jedem Tier weit über 100 Zecken und an manchen Stellen waren 20 bis 30 Zecken innerhalb weniger cm^2 zu finden. Habe auch schon Zecken übereinandergetürmt gesehen, wo eine Zecke sich in den Hinterleib der anderen gebohrt hatte. Wenn das nicht so ekelhafte Viecher wären, könnte man ja fast darüber lachen.*

Ratgeber für Terrarianer

Mein erstes Terrarium zu Hause.

W. Preißer. 2007. 64 S., kart.

ISBN 978-3-89860-029-3.

Grundkurs Terraristik.

A. Falk. 2., korrigierte Aufl. 2005. 128 S., 84 Farbf., 10 Zeichn., geb. ISBN 978-3-8001-4785-4.

Handbuch Schlangenpflege.

M. Hoffmann. 2007. 136 S., geb.

ISBN 978-3-89860-135-1.

Terrarienpflanzen.

H. Schmidt. 2003. 284 S., 352 Farbf., 21 Zeichn., geb. ISBN 978-3-8001-3935-4.